Kistner

Strauße

Christoph Kistner

Strauße

Zucht, Haltung und Vermarktung

3., aktualisierte und erweiterte Auflage

Inhaltsverzeichnis

Dank

25 Jahre sind vergangen, seit ich in Zimbabwe zum ersten Mal einem riesigen Straußenhahn gegenüberstand. Und vor 15 Jahren wurde das erste Exemplar des Fachbuches verkauft, das aus dieser für mich so faszinierenden Begegnung resultierte: „Strauße – Zucht, Haltung, Vermarktung". Viel Zeit ist seither vergangen, die natürlich einen Berg neuer Erkenntnisse und Erfahrung gebracht hat. Auch dank derer, die mit uns – meiner Frau Uschi Braun, unserer engagierten Mitstreiterin und Tierärztin Franziska Hamann und mir – ihr Wissen über den Strauß geteilt haben. Ihnen allen will ich dafür herzlich danken.

Ganz besonders danke ich meinem Wegbegleiter Prof. Dr. vet. med. Dr. habil. agr. Gerald Reiner. 1993 sind wir uns in Darmstadt beim ersten Treffen der deutschen Straußenhalter begegnet. Danach haben wir

- die Straußenhalter in Deutschland organisiert,
- den ersten Sachkundenachweis eines Halterverbandes realisiert,
- die Straußenschlachtung in Deutschland auf den Weg gebracht,
- die heute übliche Schnittführung für Straußenfleisch geprägt

... bis der Wissenschaftler entscheiden musste: Strauß oder Schwein.

Die Schweine haben gewonnen. Ich beneide seine Studenten an der Universität Gießen um den begnadeten Dozenten. Ganz besonderer Dank auch dafür, dass sein Wissen, vor allem um die biologischen und genetischen Grundlagen des Straußes, in dieses Buch einfließen durfte.

Dies gilt auch für unseren gemeinsamen Freund Hubert Schmieder aus dem Schwarzwald, der schon Alt-Bundespräsident „Papa" Heuss auf dem Bonner Petersberg bekocht hat und dann in den USA als Küchenchef hoch dekoriert wurde. Von diesem Weltreisenden in Sachen Straußenfleisch und Dozenten für Gastronomie, Hotelerie und Tourismus an der Purdue University in West Lafaytte/Indiana habe ich unendlich viel gelernt!

Dank auch an die „Afrikaner" Francois de Wet und Hendrik Pienaar (Mosstrich LTD/Mossel Bay), sie haben mir Türen geöffnet, die andere nicht einmal geschlossen gesehen haben. Des Weiteren danke ich „Crocvet" Dr. Fritz Huchzermeyer, dem eigentlichen und wahrhaftigen „Straußenpapst" unter den Veterinären, Dr. Peter Fischer, genialer „Metzgergeselle" der Universität Stellenbosch, Dr. Fanus Cilliers (Camelus International – Oudtshoorn), dem Spezialisten für Problemlösungen, Dr. Michael Jarvis, der mir früh den Blick zur Vielfalt der Strauße geschärft hat, Caspare Wolff, „Straußenkönig" der Namib-Wüste, Isadore Barron, der letzte Federbaroness und auf der Suche nach Nachfolgern – leider lag meiner Frau und mir eine berufliche Zukunft in Deutschland damals näher ...

Ein weiterer Dank nach Israel an Dr. Benjon Perelman, wandelnde Enzyklopädie der Straußenmedizin, Mike van Grevenbroek, den leibhaftigen Abenteurer der Straußenwelt, Gilad Eyal (ex Zemach Enterprises, Jordan Valley), nicht nur gut für stundenlange Diskussionen um die Fleischreifung beim Strauß – selbst bei Vollmond mitten auf dem See Genezareth.

Im weiten Asien an Megan Davies (Just Ostrich – Kowloon/Hongkong), Wang Zi Xiang (Guangdong) und Yang Hao Min (Xian – beide China), Hiroaki Toyohara (Japan Ostrich Council) und Naomitsu Himura (Japan Ostrich Association), oder Sunny Tan (SOAR – Sabah/Malaysia) – nie vergesse ich unsere Stehkonferenz auf dem Flug von Warschau nach Frankfurt.

Down Under: Liz Olivier (Ozi Afro – Morisset/Australien) und Terry English (Australian Ostrich Association/Bellarine), Gordon Banfield und Murray Taylor (New Zealand Ostrich Association).

Zuletzt, aber nie vergessen, die Freunde in Zimbabwe: Neil Pentolfe – ehemals Mocambi Wildlife, Stowe Philp – ehemals Cowbird Enterprises, Peter Cunningham – ehemals P. T. Royal Ostrindo und viele mehr, die inzwischen von ihrem Staatspräsident Robert Mugabe aus ihrer Heimat vertrieben oder von seinen Söldnern umgebracht wurden.

Vorwort

Straußenhaltung in Mitteleuropa ist nicht neu. Schon Anfang des 20. Jahrhunderts wurden Strauße aus Afrika importiert, um am damals tatsächlich „goldenen“ Geschäft mit den begehrten Federn teilzuhaben. Doch dann riss der Erste Weltkrieg die „Federbarone“ auch in Europa aus ihren Träumen, und erst mehr als 70 Jahre später entdeckte die Landwirtschaft auf der Suche nach lohnenden Perspektiven den Strauß wieder.

In Deutschland gilt das Jahr 1993 als offizieller Start der landwirtschaftlichen Straußenhaltung. Damals trafen sich in Darmstadt rund 500 Menschen aus den unterschiedlichsten Lebensbereichen, um eine „Interessengemeinschaft Deutscher Straußenhalter“ zu gründen. Daraus sind der Bundesverband Deutscher Straußenzüchter e. V. und zehn Jahre später artgerecht e. V., der Berufsverband Deutsche Straußenzucht, erwachsen.

Wie bei vielen neuen Geschäftsideen waren die Anfangsjahre auch bei der Straußenhaltung vielfach von Spekulation und dem Traum von schnellem Geld geprägt. Wie ein Tsunami raste in den 90er-Jahren eine „Straußenwelle“ um die Welt, doch der Euphorie folgte bald die Ernüchterung – falsche Erwartungen und fehlendes Fachwissen waren noch nie Grundlage für wirtschaftlichen Erfolg.

Meine Frau, Uschi Braun, und ich, von Hause aus eigentlich Journalisten in Diensten einer großen ARD-Anstalt, sind auf unseren Auslandsreisen bereits 1991 eher zufällig auf den Strauß gestoßen – und waren fasziniert von diesem majestätischen Tier. Wir machten uns auf seine Spuren und fanden in Zimbabwe Lehrmeister, die uns in die Grundlagen extensiver Straußenhaltung einführten.

Viel haben wir auch von erfahrenen Haltern und Wissenschaftlern, vor allem aus Südafrika, Israel und den USA, gelernt, die sich ebenfalls dem Strauß verschrieben haben. Dieses Wissen geben wir seit 1994 mit unseren Sachkundeseminaren weiter. Dank der Unterstützung unserer Freunde – besonders erwähnen möchte ich die Straußen-Tierärztin und Co-Autorin Franziska Hamann – konnten wir auch Vorurteile ausräumen und die anfänglichen Widerstände vieler Tierschützer überwinden.

Inzwischen ist nicht nur die Mär von der Not des „Wüstenvogels“ im nasskalten Deutschland widerlegt. Auch die Haltung von Straußen in Mitteleuropa ist neu definiert. Denn anders als im südlichen Afrika mit seinen kargen Flächen leben Strauße hier auf grünen Weiden. Daraus ergeben sich gravierende Unterschiede in Haltung, Aufzucht, Fütterung, gesundheitlicher Prävention – und Betriebsergebnis.

Heute ist der Strauß auch in Deutschland etabliert, vor allem der kritische Verbraucher greift zu Straußenprodukten: Strauße leben ganzjährig auf der Weide und ihr Fleisch gilt als besonders gesund – frei von allen unerwünschten „Zutaten“ wie Antibiotika oder Wachstumsbeschleunigern.

Ein weiteres Plus – auch aus Verbrauchersicht: Nach der „Luxus-Phase“, in der ausschließlich Federn und danach auch Leder zu Höchstpreisen vermarktet wurden, wird heute das gesamte Tier, vom Fleisch über Straußenfett, Eischalen, Haut und Federn bis hin zu Knochen und Sehnen für hochwertige Tiernahrung, verwertet: die Grundlage für eine wirtschaftliche Straußenhaltung.

Dieses Buch soll vor allem unsere praktischen Erfahrungen mit der Straußenhaltung vermitteln. Wir wollen damit aber auch für eine artgerechte Straußenhaltung werben, die – weit weg von Massenhaltung und Mastanlagen – der Würde unserer Tiere als Lebewesen gerecht wird.

Rülzheim, im Frühjahr 2017

Christoph Kistner

1 Biologie des Straußes

Anatomie

Als Laufvogel, der nicht fliegen kann, weist der Strauß eine sehr stark verkümmerte Brustmuskulatur auf: Schlüsselbeine fehlen, das Brustbein hat nur noch Stütz- und Schutzfunktion. Die Schwung- und Steuerfedern sind zu Schmuckfedern umgebildet. Die beiden ersten von ursprünglich fünf Fingern der Flügel tragen Krallen. Im Gegensatz zu anderen Laufvögeln hat der Strauß nur noch zwei Zehen. Die Beinknochen sind mit Ausnahme des Oberschenkelknochens nicht mehr pneumatisiert. Eine Bürzeldrüse, mit deren Sekret die meisten Vogelarten ihr Gefieder geschmeidig halten und wasserabweisend machen, fehlt.

Hintergrund-Info

Das Fehlen der Bürzeldrüse wurde von besorgten Tierschützern immer wieder als Argument gegen eine landwirtschaftliche Straußenhaltung in Mitteleuropa genannt, doch fehlt auch dem Emu, den Kasuaren, der Großtrappe, dem Kormoran oder vielen Papageien- und Taubenarten eine funktionsfähige Bürzeldrüse. All diese Arten verfügen über andere Schutzmechanismen gegen Kälte und Feuchtigkeit. Beim Strauß sind dies die schindelartig übereinanderliegenden Federn, eine für Vögel außergewöhnlich dicke Haut und ein ausgeprägtes Unterhaut-Fettgewebe, das mit dem des Pinguins vergleichbar ist.

Gut geschützt auch ohne Bürzeldrüse

Der Strauß ist Vegetarier und gilt als einer der effizientesten Verwerter von Rohfaser. Sein Verdauungssystem ähnelt dem des Pferdes. Zwei etwa 80 cm lange Blinddärme und eine Verdauungszeit von 30–36 Stunden versetzen ihn in die Lage, Zellulose sehr gut aufzuschließen.

Mitunter wird berichtet, dass der Strauß auch Insekten, Eidechsen und anderes Kleingetier aufnimmt, doch geschieht dies eher zufällig und ist auf seine Neugier und die Neigung zurückzuführen, alles zu bepicken und auf „Verwertbarkeit" zu prüfen. Dabei kann es geschehen, dass vereinzelt auch Kleinlebewesen verschluckt werden.

Ein Kropf fehlt dem Strauß, der Magen ist zweigeteilt; im Drüsenmagen wird das faserhaltige Futter vorverdaut und im Muskelmagen mit aufgenommenen Steinen zu einem leicht verdaulichen Brei gemahlen. Weitere ausgewählte Daten zur Biologie des Straußes finden sich im Anhang.

Physiologie

Die Körpertemperatur des Straußes, gemessen in der Kloake, beträgt im Durchschnitt ca. 39,3 °C. Das Spektrum reicht von 38,3–40,2 °C. Entsprechend der Aktivität des Tieres und der Umgebungstemperatur ist sie morgens am niedrigsten und in den Nachmittagsstunden am höchsten.

Bei Stressbelastung schnellt die Körpertemperatur förmlich nach oben und kann in kurzer Zeit deutlich über 42 °C steigen und sogar lebensbedrohliche Bereiche erreichen. Reguliert wird die hohe Körpertemperatur vor allem mithilfe der aufgestellten Körperfedern, der gespreizten Flügel und durch hechelndes Atmen mit geöffnetem Schnabel. Bei Kälte legt der Vogel das Gefieder an den Körper an, je dichter, desto ausgeprägter ist die isolierende Wirkung. Bei starker Kälte schützt er die unbefiederten Unterschenkel, indem er die Flügel herabhängen lässt.

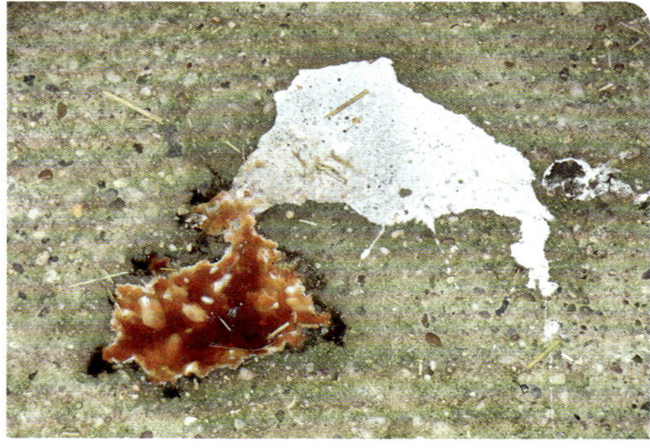

Harn mit rotem Farbstoff – bei Laufvögeln normal

Die Atemfrequenz beträgt 5–45 Atemzüge pro Minute, bei extremer Belastung auch deutlich darüber. Durch die Anbindung von je fünf Luftsäcken an beide Lungenflügel wird der Vogel auch beim Ausatmen mit Sauerstoff versorgt – ein sehr wesentlicher Beitrag zur Ausdauer. Die Herzfrequenz schwankt zwischen 23 und 46 Schlägen pro Minute.

Der Strauß kann in nahezu allen Klimazonen leben, auch in sehr trockenen. Bei Wassermangel überlebt er dank seiner Fähigkeit, das Blut einzudicken, außerdem können die Nieren den Harn sehr stark konzentrieren, wobei durch starke Schleimabsonderungen in den Harn abführenden Wegen verhindert wird, dass sie durch auskristallisierende Harnsäure verletzt werden. Harn und Kot werden, als Besonderheit bei Vögeln, getrennt abgegeben.

Praxis-Tipp

Beim Absetzen von Harn und Kot ist vor allem im Winter, wenn die Tiere weniger Wasser aufnehmen, im weißlich eingedickten Harn häufig ein orangefarbener bis rötlicher Farbklecks zu sehen. Dies wird von unerfahrenen Haltern und Tierärzten häufig als „Blut im Harn“ infolge einer Nierenerkrankung gedeutet. Es besteht aber kein Grund zur Beunruhigung: Es handelt sich nicht um Blut, sondern um den Farbstoff aus der Nahrung, der gesondert ausgeschieden wird – eine biologische Besonderheit, die allen Laufvogelarten eigen ist.

Heute die Heimat der Strauße: Afrikas Busch und Steppen

2 Heutiger Lebensraum

Nachdem der Strauß in Asien und Europa ausgestorben ist, lebt er heute in den Halbwüsten und den Gras- und Buschsavannen Afrikas. Für das Überleben in diesen eher trockenen bis halbtrockenen Klimazonen ist er durch spezielle Salzdrüsen zwischen Stirn, Nase und Auge und die Fähigkeit, Harn zu konzentrieren, bestens angepasst. Andererseits kommt er – beispielsweise in der Serengeti – in der Regenzeit aber auch mit gewaltigen monatlichen Niederschlägen von mehr als 500 l/m² zurecht.

Die mittleren Jahrestemperaturen seines afrikanischen Lebensraumes liegen zwischen 17 und 19 °C, die mittlere Mindesttemperatur in Oudtshoorn reicht in den Monaten Mai–September von 3–7 °C. In Mokhotlong/Lesotho liegt das mittlere Minimum im Jahresdurchschnitt bei 3 °C und damit deutlich unter dem von Sylt (6,1 °C), Essen (6,0 °C) oder Karlsruhe (5,6 °C). Die absoluten Tiefstwerte erreichen in Lesotho bis zu −13 °C.

Hintergrund-Info

Ein Skigebiet in den Hochlagen der Großen Drakensberge (Lesotho) wirbt mit Ski-Sicherheit von mindestens 100 Tagen/Jahr. Die Golden Gate Highlands in unmittelbarer Nachbarschaft sind bzw. waren Heimat mehrerer Straußenfarmen. Die landesweite Exportsperre für Straußenerzeugnisse zwischen 2011 und 2015 zwangen die meisten dieser Farmen aus wirtschaftlichen Gründen zur Aufgabe. Die dort und auf den grünen Höhen der Großen Drakensberge einst wild lebenden Strauße sind seit langem ausgerottet.
Auch in allen anderen Regionen Afrikas gibt es kaum noch wild lebende Strauße. Vor allem im südlichen Afrika sind sie – außer in Farmen – fast nur noch in Game-Parks (Wildparks mit mehreren 1000 ha Fläche) oder Schutzgebieten zu finden.

3 Verhalten

Die extremen und sehr unterschiedlichen Klimabedingungen auf dem Verbreitungsweg der Steppen Zentralasiens bis in die weiten und offenen Savannen Afrikas haben nicht nur die Biologie des Straußes geprägt, sondern auch das Verhalten des Straußes. Dass er seit Millionen von Jahren in kontinentalen Steppen mit eisigen Wintern ebenso überleben kann wie unter der glühenden Sonne afrikanischer Steppen, verdankt er seiner Fähigkeit, sich an seine jeweilige Umwelt anzupassen.

So haben die immer neuen Lebensbedingungen den Körperbau des Tieres verändert: Der Strauß hat sich vom flugfähigen Vogel zum größten Laufvogel der Erde gewandelt. Besonders wird dies an der Reduzierung der Zehen auf zwei je Fuß deutlich, eine Entwicklung wie bei Pferden und anderen Huftieren, die sich, wie der Strauß, nur durch schnellen Lauf vor Gefahren retten können.

Als Anpassung an den offenen Lebensraum muss auch die enorme Körpergröße des Straußes verstanden werden. Sie macht eine große Schrittlänge von 3–4 m möglich, die den Strauß in Notsituationen kurzfristig auf eine Höchstgeschwindigkeit von bis zu 80 km/h katapultiert (Nina U. Schaller: Structural attributes contributing to locomotor performances in the ostrich). Ein weiterer Vorteil der Körpergröße von bis zu 3 m ist die hohe Position des Kopfes und der außergewöhnlich großen Augen. Dadurch ist der Strauß in der Lage, Gefahren frühzeitig zu erkennen und sich durch schnelle, ausdauernde Flucht in Sicherheit zu bringen.

Körpergröße und Geschwindigkeitspotenzial sind aber nur dann ein wirklicher Vorteil, wenn sie durch das Verhalten entsprechend gesteuert werden, daher musste nicht nur der Körperbau, sondern auch das

Auf großem Fuß mit nur zwei Zehen

Verhalten verändert und den Anforderungen des jeweiligen Lebensraums angepasst werden. Auch dies ist sehr gut gelungen: Die artspezifischen Verhaltensmuster des Straußes gehören zu den komplexesten in der Tierwelt. Sie lassen sich – ganz grob – vier Funktionskreisen zuordnen:

- Nahrungserwerb
- Sozialverhalten und Tagesaktivität
- Sexualverhalten
- Komfortverhalten

Nahrungserwerb

Der Strauß ist in seinem natürlichen Lebensraum während der hellen Tageszeit bis zu zehn Stunden mit Futtersuche und Fressen beschäftigt, indem er pickend und zupfend langsam durch sein Revier zieht. Als Selektierer, der sich bei seiner Nahrungssuche einzelne Pflänzchen oder Pflanzenteile heraussucht, bevorzugt er in trockenen Regionen wasserhaltige Pflanzen wie Sukkulenten.

Über die Größe des Straußenreviers gibt es sehr unterschiedliche Vorstellungen, die von einigen tausend Quadratmetern bis zu 20 und mehr km^2 reichen. Vor allem die Tierschutzverbände haben in der Vergangenheit gefordert, dass dem Strauß daher auch in der Farmhaltung sehr große Flächen zur Verfügung stehen müssten. Nicht bedacht wurde dabei, dass die Verteidigung des Reviers für den Strauß eine außerordentliche Stressbelastung bedeutet. Um aber unnötigen, lebensbedrohlichen Stress zu minimieren, orientiert sich der Strauß bei der Größe seines Reviers stets an der Futtergrundlage: also je karger der Bewuchs, desto größer das Revier, und umgekehrt: Je mehr Futter, desto kleiner ist die Fläche, die verteidigt werden muss (Dr. Michael Jarvis: Regional differences between ostriches/Jarvis Ostrich Manual).

Praxis-Tipp

Um eine verhaltensgerechte Nahrungsaufnahme zu ermöglichen, muss dem Strauß ganzjährig der uneingeschränkte Zugang zur Weide ermöglicht werden. Diese Fläche muss so groß sein, dass er seinen täglichen Futterbedarf von 8–10 kg Feuchtmasse zumindest in der Vegetationsperiode ohne Zufutter decken kann.

Strauße sind in der Lage, auch bei einer geschlossenen, nicht zu hohen Schneedecke die darunter verborgenen Pflanzen zu finden. Daher findet der Strauß auch bei spärlichem Weidebewuchs im Winter reichlich Nahrung, die aber wegen des reduzierten Nährwertes des Weidebewuchses verstärkt ergänzt werden muss.

Lebensfreude auch im eisigen Winter

Hintergrund-Info

Interessant ist in diesem Zusammenhang das Ergebnis von Aufzuchttests mit zwei vergleichbaren Schlachttier-Gruppen im Ruhrgebiet. Eine Gruppe wurde ohne Ergänzungsfutter nur auf der Basis reiner Weidehaltung aufgezogen, die andere erhielt zum Weidefutter ca. 1 kg Ergänzungsfutter/Tag. Die Tiere beider Gruppen unterschieden sich äußerlich kaum, doch war die Fleischausbeute bei der Gruppe ohne Ergänzungsfutter rund 30 % geringer als bei der zweiten Gruppe.

Praxis-Tipp

Unter mitteleuropäischen Klimaverhältnissen kann ein Strauß problemlos nur mit Wasser und Raufutter von der Weide aufwachsen – vorausgesetzt, die Fläche ist so groß, dass immer Futter in ausreichender Menge zur Verfügung steht. Eine befriedigende Leistung (sprich: Fleischertrag) ist aber nur möglich, wenn zusätzlich Ergänzungsfutter zur Verfügung steht, das eine ausgewogene Mineralstoffversorgung mit ausreichend Kalzium, Phosphorverbindungen, Vitaminen und Spurenelementen sicherstellt.

Pelletierte Zusatz- oder Alleinfuttermittel, die der Fachhandel anbietet, führen zu rascher Sättigung und verhindern damit das natürliche Verhalten von Straußen. Sie sind zudem unverhältnismäßig teuer und berücksichtigen in der Regel nicht den tatsächlichen Bedarf an Mineralstoffen und Vitaminen.

Grüne Weide in Deutschland: Ideale Lebensgrundlage für Strauße

Sozialverhalten und Tagesaktivität

Strauße sind sehr „soziale" Tiere. Sie leben in ihrer natürlichen Umgebung immer in Gruppen und nur in Ausnahmefällen allein. Geschlechtsreife Strauße bilden Familien, die aus einem Hahn und meist mehreren Hennen bestehen. Außerhalb der Paarungszeit schließen sie sich zu größeren Gruppen zusammen, wobei die einzelnen Familien als soziale Einheit weiterbestehen und sich mit Beginn der Balz wieder aus dem Verband trennen. Zu den gemeinschaftlichen Aktivitäten in der Gruppe und in der Familie gehört neben dem Weiden auch das Baden in Sand und Wasser.

Gemeinsames Baden vermittelt Wohlgefühl

Gehege müssen Flucht ermöglichen

Der Zusammenschluss außerhalb der Paarungszeit bietet dem Strauß die Möglichkeit, im Schutz der Gruppe Kräfte für die Balz und die anschließende Brut- und Aufzuchtphase zu sammeln, in der die Familie und deren Revier geschützt und verteidigt werden müssen. Im Verbund wachen vor allem die dominanten Tiere, die der Gruppe Gefahr, etwa durch Raubtiere, signalisieren und rechtzeitige Flucht ermöglichen.

Hintergrund-Info

Das oft panikartige Fluchtverhalten der Strauße wird oft falsch interpretiert. Bilder von Straußenherden, die vor oder neben Autos mit hoher Geschwindigkeit laufen, zeigen aber nicht – wie auf Fotosafaris häufig vermittelt – Tiere, die mit dem motorisierten Menschen aus Freude an schneller Bewegung um die Wette laufen, sondern Strauße in panischer Flucht. Erkauft wird dieser „Touristenspaß“, der auch häufig im Fernsehen gezeigt wird, mit sehr großem Stress für die Tiere und – vor allem in kargen, wasserarmen Regionen – mit einem lebensgefährlichen Energieverlust.

In Farmhaltung ohne Fressfeinde reduziert sich die Flucht meist auf einen kurzen Sprint. Allerdings kann diese Flucht – möglicherweise vor einem Schatten, einer hüpfenden Heuschrecke oder einem ungewohnten Geräusch – auch in minutenlanges „Tollen“ umschlagen, das von pirouettenartigem Tanz unterbrochen wird. Gehege, in denen Strauße untergebracht sind, müssen daher so groß sein, dass sie dieses „Toben“ und auch die Flucht einer noch nicht balzbereiten Henne vor dem paarungswilligen Hahn ermöglichen.

Grundsätzlich stellen für den Strauß alle plötzlich auftretenden Veränderungen, die nicht schon aus größerer Entfernung wahrnehmbar waren, eine scheinbare Gefahr dar, auf die er mit überstürzter Flucht reagieren kann. Für viel Aufregung können in einer ansonsten ruhigen Umgebung schnelle und laute Objekte wie Fahrzeuge aller Art und Hunde sorgen.

Praxis-Tipp

Das Gehege soll so angelegt sein, dass Flucht in alle Richtungen möglich ist. Sofern mögliche Lärmquellen angrenzen, muss das Gehege so angelegt werden, dass die längere Seite von der Lärmquelle wegführt.

Treten Stresssituationen gehäuft auf, hat dies oft auch negative Auswirkungen auf Fruchtbarkeit, soziale Verträglichkeit und Gesundheit der Tiere. Andererseits ist der Strauß auch ein „Gewohnheitstier", das sich auf äußere Einflüsse einstellen kann, die zunächst als Gefahr wahrgenommen wurden. Ein Hubschrauber beispielsweise löst nur dann Panik aus, wenn das Areal selten überflogen wird.

Dies gilt jedoch nicht für Ballone aller Art, vor allem Heißluftballone, Paraglider oder Ultraleicht-Flugzeuge. Diese eher leisen und sich relativ langsam bewegenden und oft bunten Luftfahrzeuge werden von Straußen als sehr ernste Bedrohung wahrgenommen, die unweigerlich eine flächendeckende Panik auslöst.

Jeder, der einem Strauß in dessen natürlichem Lebensraum begegnet, vor allem aber jeder Halter und Farmmitarbeiter, sollte das Annäherungs- und Abwehrverhalten von Straußen kennen. Die Bereitschaft zur Kontaktaufnahme zeigt die Straußenhenne deutlich durch die Demutshaltung, dabei werden Kopf, Schwanz und Flügel tief gehalten und der Hals wie ein Wellental nach unten gekrümmt. Diese Haltung signalisiert Neugierde und eine friedliche Grundstimmung.

Der Hahn dagegen bleibt bei Annäherung stets aufgerichtet. Ob er friedlich gestimmt ist, erkennt man nur daran, dass er dann den Bürzel

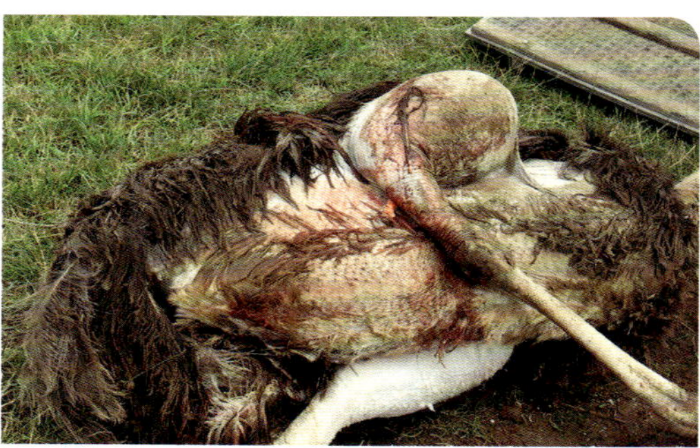

Opfer eines Hubschrauber-Überflugs: Henne mit Beinbruch

Hintergrund-Info

Warum ein Heißluftballon auf Strauße – wie übrigens auch auf alle anderen Nutztiere in Freilandhaltung – besonders furchterregend wirkt, kann nur vermutet werden. Möglicherweise erweckt der Ballon den Eindruck, als nähere sich ein riesiger Greifvogel, der dazu noch „faucht", wenn der Brenner zum Aufheizen betätigt wird. Fauchen ist aber für einen Strauß die einzige akustische Möglichkeit, einem anderen Tier – oder auch einem Mensch – zu drohen. Im Umkehrschluss bedroht also der Ballon den Strauß.
Mitunter ist den Piloten von Ballonen und Paraglidern das Problem nicht bewusst. In diesem Fall kann ein vorzeitiges Gespräch helfen und schwerste, oft sogar tödliche Verletzungen der Tiere vermeiden. Nehmen sie die Panik aber billigend in Kauf, weil für sie ihr Freizeitvergnügen Vorrang hat, kann gerade bei häufigeren Überfahrten bzw. -flügen eine Strafanzeige Abhilfe schaffen. Schadenersatzpflichtig ist der Pilot in jedem Fall.

mit den großen Schwanzfedern gesenkt bzw. höchstens waagrecht hält. Ein erfahrener Halter wird sich aber nie darauf verlassen, dass er von diesem Tier nichts zu befürchten hat. Die friedliche Grundstimmung kann nämlich schnell und ohne erkennbaren Grund in Aggressivität umschlagen.

Ist der Straußenhahn aufgeregt, macht er sich groß und stellt die Schwanzfedern auf. Feindliche Haltung und Abwehrbereitschaft signalisiert er, indem er sich noch weiter aufrichtet, die Flügel weit ausbreitet, die Körperfedern aufstellt und auf den Zehen trippelt. Diese nicht nur für Menschen beängstigende Drohgeste, mit der das Tier die Silhouette vergrößert, um dem Gegenüber Respekt einzuflößen, signali-

Entspannte Zuchttiere in der Morgensonne

siert höchste Gefahr. Der Strauß kann jetzt jederzeit fauchend und zischend angreifen, wobei er den Gegner mit blitzartigen Tritten nach vorne zu treffen sucht.

Diese Tritte, die selbst für einen ausgewachsenen Löwen lebensbedrohend sind, werden meist, aber keineswegs ausschließlich, von männlichen Tieren während der Balz- und Brutzeit ausgeführt. Sie verteidigen sich und ihre Familie so gegen Fressfeinde oder Revierkonkurrenten und Nebenbuhler.

Praxis-Tipp

Der Schwanz des Straußes ist ein verlässliches Signal für Gefahr. Nur bei völliger Entspannung wird der Schwanz gesenkt. Bereits bei leichter Beunruhigung wird er waagrecht gehalten, und bei Abwehr- oder Angriffsbereitschaft zeigt er steil nach oben. In diesem Fall ist sofortiger Rückzug die einzige Möglichkeit, einer Attacke zu entgehen. Generell gilt, dass man sich Straußen immer „demutsvoll" nähern muss. Wer, wie etwa bei anderen Nutztieren wie Rindern und Schweinen häufig empfohlen, seinen Straußen zeigen will, dass er der Herr im Revier ist, wird von diesem Augenblick an immer als feindlicher Eindringling betrachtet und entsprechend aggressiv empfangen.

Sexualverhalten

In ihrer natürlichen Umgebung verlassen Hähne und ihre Hennen die Gruppe zu Beginn der Balzzeit. Nachdem ein geeignetes Revier gefunden ist, das sie sehr engagiert gegen Eindringlinge verteidigen, wird gemeinsam ein Nestplatz ausgesucht. In der Regel besteht eine Familie aus einem Hahn und bis zu vier oder fünf Hennen. Diese fechten mit Fauchen, Picken und gelegentlich sogar Tritten die Rangordnung von Haupthenne und Nebenhennen aus, die im Lauf einer Brutsaison mehrfach wechseln kann.

Hintergrund-Info

Die außergewöhnliche Anpassungsfähigkeit von Straußen an ihre jeweilige Umgebung und deren spezielle Lebensbedingungen zeigt sich auch bei der Geschlechts- bzw. Legereife und der Balzzeit. Hennen in kargen und eher heißen Regionen beginnen erst mit 3–4 Jahren, Eier zu legen, auf grünen Weiden im gemäßigten Klima Mitteleuropas jedoch bereits mit 18–20 Monaten. Hähne sind hier bereits mit ca. zwei Jahren geschlechtsreif und befruchtungsfähig, im südlichen Afrika dagegen erst mit 4–5 Jahren.
Die Balz- und Brutzeit ist lichtgesteuert und beginnt gegen Ende des Winters, sobald die Tage länger werden – in der südlichen Hemisphäre im September – dem dortigen Frühling. Sie endet im Januar bzw. Februar. Auf der nördlichen Seite der Erde beginnt die Eiablage dagegen im Januar/Februar und dauert bis August/September. Der australische Emu dagegen hat seine Balzperiode auch in Europa beibehalten – er legt und brütet im europäischen Winter.

Gebläht wie ein Dudelsack: boomender Hahn

Ein nicht zu überhörendes Signal für die Bereitschaft des Hahns zur Paarung ist das sogenannte „Booming“ (engl. boom = brummen – umgangssprachlich auch „Broomen“), das einzige laute Geräusch, das man von einem Strauß hören kann. Dabei erzeugt der Hahn mit aufgeblähtem Hals mehrfach hintereinander drei oder mehr lang gezogene Töne, die von Lautstärke und Klang am ehesten mit dem Muhen einer Kuh vergleichbar sind. Hie und da ist das Booming auch im Herbst oder Winter außerhalb der Paarungszeit zu hören.

Für den Deckakt sondert sich der Straußenhahn mit einer der Hennen ab. Er treibt die ausgewählte Partnerin mit abgespreizten Flügeln, Schwanz- und Körperfedern vor sich her. Mit steigender Erregung setzt sich der Hahn auf seine Läufe und pendelt mit Hals und weit gespreizten Flügeln nach rechts und links. Dieses „Kanteling“ (Afrikaans kantelen = kippen) kann mehrere Minuten anhalten. Anschließend springt der Hahn auf und nähert sich der ausgewählten Henne trippelnd von hinten. Ist sie bereit, lässt sie sich schließlich mit erhobenem Schwanz nieder. Der Hahn setzt sich von hinten auf die Henne, wobei er sich mit der rechten Zehe auf der rechten Rückenseite seiner Partnerin abstützt, und vollzieht unter pendelndem Schwingen von Hals und Flügeln die Begattung. Dies kann sich mit allen Hennen mehrmals am Tag wiederholen. Die Haupthenne, die bevorzugt gedeckt wird, erkennt man häufig an einer federlosen Stelle dort, wo sich der Hahn mit seiner rechten Zehe während des Aktes abstützt.

Kanteling: Hahn in Balzstimmung

Praxis-Tipp

Ist die Henne nicht bereit, sich begatten zu lassen, geht sie zunächst langsam weiter, wenn sich der Hahn nach dem „Kanteling“ nähert. Der Hahn folgt ihr und wird sie – falls sie sich nicht doch noch setzt – zunehmend aggressiv verfolgen. In der Regel verliert der Hahn nach kurzer Verfolgung der fliehenden Henne das Interesse, doch kann es auch zu einem andauernden Verfolgen und schließlich auch zu heftigen Tritten kommen.

Junge Hennen, die noch nicht geschlechtsreif sind, dürfen nie zu einem paarungsbereiten Hahn gegeben werden.

Praxis-Tipp

In einem Farmgehege kann die Verfolgung der Henne durch den deckwilligen Hahn tödliche Folgen haben, wenn die Henne auf zu enger Weide nicht entkommen kann oder in einer Ecke vom Hahn gestellt wird. Gehege müssen daher groß genug für eine anhaltende Flucht sein, und sie dürfen nicht über spitze oder rechte Ecken verfügen.

Der Nestplatz wird von der gesamten Gruppe ausgewählt. Anschließend scharrt der Hahn mit seinen Zehen eine flache Mulde; die gelockerte Erde schiebt er mit seiner Brustplatte zur Seite. In dieses Gemeinschaftsnest – eine Besonderheit – legen alle Hennen der Gruppe ihre Eier ab.

Das Brutgeschäft teilen sich tagsüber meist alle Hennen der Gruppe. Die Henne, die an der Reihe ist, schiebt ihre Eier beim Wenden des Geleges in die günstige Mittelposition, wo die Brutbedingungen optimal sind. Damit ist gewährleistet, dass alle Eier gleichmäßig bebrütet werden. Dies ist möglich, da – wie wissenschaftliche Untersuchungen

Brutwechsel: Henne übernimmt das Gelege

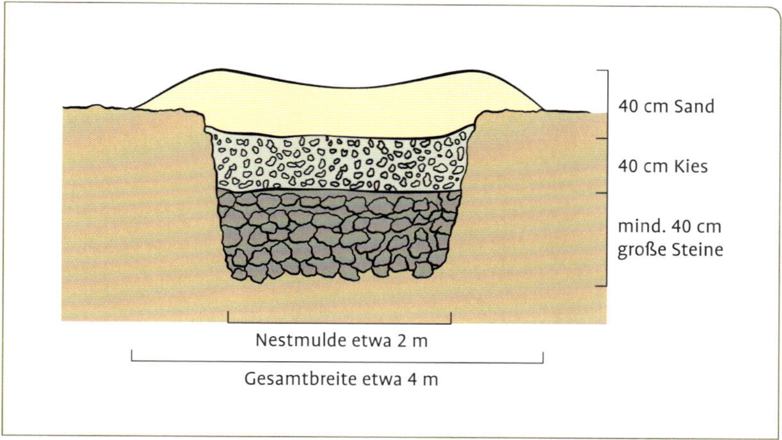

Schema eines angelegten Nestes für Naturbrut

nachgewiesen haben – die Hennen ihre Eier anhand der Porenmuster individuell erkennen.

Während die Hennen – wie erwähnt – die Brut am Tag übernehmen und dabei mit ihrem beige-braunen Gefieder das Nest perfekt tarnen, übernimmt der Hahn das Brutgeschäft vom frühen Abend bis in den Vormittag. Dafür gibt es mehrere Gründe: Zum einen würde der Hahn tagsüber wegen seiner schwarzen Federn stark auffallen, während er nachts perfekt getarnt ist, zum anderen in der Sonne ohne Schatten und Bewegung überhitzen und die hohe Körpertemperatur auch an die Eier weitergeben, die dadurch absterben.

Auch der Schlupf ist Sache des Hahns. Er befreit Küken, die nicht selbst schlüpfen können, aus dem Ei. Dabei tritt er vorsichtig auf das Ei

Warnendes Fauchen: Henne verteidigt ihren Nachwuchs

und zieht das Küken mit dem Schnabel aus der zerstörten Schale heraus. Er kümmert sich anschließend auch um die Küken, die er mit Unterstützung der Haupthenne führt und verteidigt.

Treffen in der natürlichen Umgebung mehrere Familien mit ihrem Nachwuchs aufeinander, kämpfen die Elterntiere um die Kükengruppen. Die verängstigten Küken laufen alle zusammen und vereinen sich zu einem großen „Kindergarten", mit dem die überlegene Familie schließlich davonzieht. Dieses Vereinen vieler Küken hat den Vorteil, dass die Überlebenschancen des einzelnen Kükens deutlich steigen, dennoch erreicht in der natürlichen Umgebung nur etwa eines von 100 Küken die Geschlechtsreife.

Praxis-Tipp

In der Farmhaltung sollte jede Familie ein eigenes Revier haben. Mehrere Brutfamilien oder mehrere rivalisierende Hähne in einem Gehege führen zu extremer Unruhe, die das Balz- und Legegeschäft stören kann. In diesem Fall müssten die Gruppen getrennt und in ein anderes Gehege umgesetzt werden. Da Strauße aber sehr stark auf ihr Revier fixiert sind und sich an ein neues Revier erst gewöhnen müssen, ist zu erwarten, dass die Befruchtung stark nachlässt und die Eiablage sogar völlig eingestellt wird. Außerdem wird ein Hahn, der umgetrieben werden soll, sein Revier gegen die „Eindringlinge" so heftig verteidigen, dass für die Treiber akute Lebensgefahr besteht! Daher müsste ein gemeinsames Gehege so groß angelegt werden, dass sich die verschiedenen Gruppen nicht stören können.

Schlammbad gegen Hitze und Parasiten

Komfortverhalten

Zum Komfortverhalten des Straußes gehören vor allem Gefiederpflege und Sandbaden, daher muss in jedem Gehege ein Sandbadeplatz vorhanden sein. Feldstudien haben ergeben, dass Strauße durchschnittlich 0,6-mal/Tag ein Sandbad nehmen (Dr. Dr. Hans Hinrich Sambraus), allerdings beschränkt sich das Baden in Sand bzw. Staub auf trockene Tage. Bei Regen und hoher Luftfeuchtigkeit würden Sand und Staub die Federn verkleben.

Zum Baden setzen sich die Tiere, winden den ausgestreckten Hals schlangengleich im Sand und scharren gleichzeitig mit den Flügeln Sand bzw. Staub zum Körper. Der Sand dient in erster Linie der mechanischen Reinigung und dem Entfernen von Parasiten.

Strauße sind reinliche Tiere, die täglich mehr als eine Stunde mit der Pflege ihres Gefieders beschäftigt sind, dabei fahren sie mit dem Schnabel durch die aufgestellten Federn und streifen Sand, Staubpartikel oder Feuchtigkeit ab. Dies geschieht am Morgen, nach Regen oder einem Bad in einer Pfütze und vor allem gegen Abend nach dem Sandbad.

Praxis-Tipp

Sandbaden stellt eine Gemeinschaftsaktivität dar. Ein Sandplatz muss daher so groß sein, dass ihn mehrere Tiere gleichzeitig nutzen können. Zu kleine Flächen führen zu gesteigerter Unruhe und Aggressivität. Außerdem sollte das Sandbad nicht gleichzeitig als Nistplatz dienen. Eier legende oder brütende Tiere würden durch das Baden der anderen zwangsläufig gestört.

Sonne kann töten: Schattenplatz in Israel

Auch das Regulieren der Körpertemperatur und die Fähigkeit, mit extremen Temperaturschwankungen zurechtzukommen, sind Bestandteil des Komfortverhaltens. Ein Strauß übersteht Temperaturen von über 50 °C, und er kann Temperaturen weit unter dem Gefrierpunkt aushalten. Allerdings sind die Hähne mit ihrem schwarzen Gefieder bei sehr hohen Temperaturen gefährdet, wenn sie lange Zeit unter glühender Sonne ohne Schatten aushalten müssen. Auf südafrikanischen Farmen sterben im besonders heißen Februar jedes Jahr mehrere hundert Hähne an den Folgen von Überhitzung.

Praxis-Tipp

In den trockenen Regionen des südlichen Afrika, wo Schatten durch natürlichen Bewuchs eher selten ist, bieten die Straußenfarmer ihren Tieren dichte Schattennetze oder feste Dächer. In Mitteleuropa können Schattenplätze durch Anpflanzen schnell wachsender Bäume, hoher Büsche oder Dächer geschaffen werden. Zwar liegen die absoluten Höchsttemperaturen etwa in Deutschland deutlich unter denen in der Kleinen Karoo, doch reagieren Strauße auch hierzulande auf hohe Temperaturen. Die Tatsache, dass bei dauerhaft hohen Temperaturen von 30 °C und mehr keine Eier mehr gelegt werden, beweist, dass die Hitze den Tieren zu schaffen macht. Schattenplätze sind daher auch in Mitteleuropa ein Muss!

Bei hoher Umgebungstemperatur ventilieren die Tiere hechelnd durch den offenen Schnabel, außerdem werden Flügel, Schwanz und Körperfedern aufgestellt, damit Luftbewegungen die Wärme über der Haut abführen können. Bei Kälte werden Flügel und Federn angelegt und bilden so eine gut isolierende Schicht. Bei größerer Kälte setzen sich die Tiere auf ihre Läufe und bringen die gut durchbluteten Keulen zusätzlich nah an ihren Körper.

Wissenschaftliche Untersuchungen in deutschen und mitteleuropäischen Farmen zeigen, dass nasskalte Witterung für Strauße keine Beeinträchtigung ihres Wohlbefindens bedeutet (Dr. Katja Fuhrer/Dr. Christin Schulz), vielmehr baden die Tiere – auch sechsmonatige Jungtiere – bei nasskalter Witterung im März und selbst im Januar bei einer Außentemperatur knapp über dem Gefrierpunkt in Pfützen. Vielfach ist unbekannt, dass Strauße ausdauernd schwimmen können und ein Bad im Wasser ebenso schätzen wie im Staub.

Auch nach 30 l Niederschlag im Freien: Jungtiere im Dauerregen

4 Rechtliche Grundlagen der Straußenhaltung

Seit Ende des 20 Jahrhunderts, als die landwirtschaftliche Straußenhaltung in Europa Fuß fasste, lässt eine einheitliche Rechtsgrundlage auf sich warten. Die Regelungen in den Mitgliedsstaaten der EU unterscheiden sich nach wie vor stark, von einer annähernd vergleichbaren Rechtsnorm aller EU-Staaten kann auch heute noch keine Rede sein.

Hintergrund-Info

Erhebliche Unterschiede gibt es bei der Frage, wer unter welchen Bedingungen Strauße halten darf. In Frankreich muss eine umfangreiche Wirtschaftlichkeitsstudie vorgelegt werden, bevor eine zentrale Regierungskommission die geplante Haltung begutachtet. Haltern ohne deren Genehmigung drohen Geldbußen bzw. Gefängnisstrafen. In Spanien muss die Regionalbehörde die geplante Haltung auf Antrag bewilligen. Voraussetzung ist der Nachweis, dass sich der künftige Halter über 100 Stunden fachlich mit der Straußenhaltung befasst hat. Anerkannt werden die Teilnahme an Seminaren, Praktika sowie fachverwandten Vorträgen oder Vorlesungen – selbst wenn der Aspirant keine Studieneignung vorweisen kann.

Wer In der Schweiz Strauße halten will, muss ebenfalls eine Haltebewilligung vorweisen. Diese wird nur bei Nachweis der erforderlichen Fachkunde ausgestellt. Das Schweizer Bundesamt für Veterinärwesen schreibt hierfür einen theoretischen Kurs von 40 Stunden und eine Praktikumszeit von drei Monaten vor. Das einzige Sachkundeseminar in der Schweiz umfasst sieben Seminartage. Thema: Die Haltung von Straußen bzw. Wachteln. Ein Seminar ausschließlich für potenzielle Straußenhalter würde sich nicht rechnen, und das vorgeschriebene Praktikum liegt mangels Praktika-Anbietern weitgehend „auf Eis".

Ähnliche Voraussetzungen müssen auch in Österreich und Dänemark erfüllt werden. In den meisten anderen Mitgliedsstaaten der EU werden die für Nutztierhaltung zuständigen Behörden inzwischen zwar auch aufmerksam auf den Strauß, Mindestanforderungen an Sachkunde oder tierschutzgerechte Haltung sind aber in Polen ebenso wenig gefragt wie in Belgien, Luxemburg, Portugal, Italien, Slowenien oder Rumänien und Bulgarien, wo die Straußenhaltung ab 2015 stark zunahm, von EU-Anrainerstaaten wie der Ukraine ganz zu schweigen. Dort warteten vor dem Ausbruch des Konflikts in der Ost-Ukraine Großfarmen mit jeweils mehreren 1000 Schlachttieren darauf, dass die Ukraine in die sogenannte „Drittland-Liste" der EU aufgenommen und damit der Export von Straußenfleisch nach Westeuropa möglich wird.

Sachkunde ist gefragt: Mündliche Prüfung des ersten deutschen „Straußenwirts“

Praxis-Tipp

In Deutschland muss wie in der Schweiz und in Österreich die Sachkunde nachgewiesen werden. Dies ist durch die erfolgreiche Teilnahme an den gemeinsamen Sachkundeseminaren von artgerecht e. V., dem Berufsverband Deutsche Straußenzucht, und dem Bundesverband Deutscher Straußenzüchter e. V. möglich. Schwerpunkt dieser dreitägigen Seminare ist neben dem grundsätzlichen Wissen über den Strauß und seine Haltung die praktische Arbeit mit den Tieren. Die Prüfung am Schlusstag ist entsprechend der Allgemeinen Verwaltungsvorschrift zur Durchführung des Tierschutzgesetzes von den Ländern Baden-Württemberg und Rheinland-Pfalz anerkannt und gilt bundesweit (siehe auch „Adressen“ im Anhang).

Mit der Anerkennung des Sachkundenachweises durch alle Bundesländer endet die „deutsche Einheit“ in Sachen Straußenhaltung aber auch schon wieder, denn bereits bei der Haltegenehmigung wird der Antragsteller je nach Bundesland – und schlimmer noch: je nach Landkreis – mit höchst unterschiedlicher Vorstellung konfrontiert, wie eine Straußenfarm aussehen muss bzw. welche Voraussetzungen für die Haltung notwendig sind.

Dies hat – wie in einigen anderen Lebensbereichen auch – seine Ursache im föderalen System der Bundesrepublik Deutschland, denn was beispielsweise was im Bereich der Bildung Vorschrift ist, gilt auch beim Tier- und Naturschutz: Die grundsätzliche Gesetzgebung liegt in der Verantwortung des Bundes, die Umsetzung der Gesetze ist jedoch Ländersache. So besteht zwar in Deutschland für jedes Kind Schulpflicht, doch was es lernt, und wie lange es die Schulbank drücken muss/darf, wird höchst unterschiedlich von den Ländern festgelegt.

Für zukünftige Straußenhalter bedeutet dieses System, dass etwa das einheitliche Tierschutzgesetz je nach Bundesland und dessen aktueller politischer Ausrichtung ebenfalls sehr unterschiedlich interpretiert und umgesetzt wird. In einem Land wird die Straußenhaltung nur mit erheblichen, teilweise kaum erfüllbaren Auflagen genehmigt, in anderen Ländern ist sie nur sehr allgemeinen Bedingungen unterworfen, die auch für die traditionelle Nutztierhaltung gelten.

Zu allem Übel ist Straußenhaltung für die meisten Behörden eine große Unbekannte. Das darf nicht verwundern, da Veterinäre in ihrer Ausbildung meist nur rudimentär vom Strauß als landwirtschaftlichem Nutztier gehört haben. Grundlegendes Fachwissen kann daher kaum vorausgesetzt werden.

Viele Behördenvertreter greifen daher auf die wenigen Veröffentlichungen zurück, die ihnen von übergeordneten Instanzen auf Landes- oder Europa-Ebene zur Verfügung gestellt werden. In der Vergangenheit waren dies:

- Das Gutachten „Mindestanforderungen an die Haltung von Straußenvögeln außer Kiwis" vom 10. Juni 1994 (in der ergänzten Fassung vom 10. September 1996), das vom damaligen Bundesministerium für Ernährung, Landwirtschaft und Forsten in Auftrag gegeben worden war.
- Die „Empfehlungen für die Haltung von Straußenvögeln (Strauße, Emus und Nandus)" des Ständigen Ausschusses des Europäischen Übereinkommens zum Schutz von Tieren in landwirtschaftlichen Tierhaltungen, angenommen am 22. April 1997 („Europaratsempfehlung").

Muss ebenso verhindert werden wie Stallhaltung: trostlose, enge Massengehege

Strauße – oder Hühner oder Farbfernseher?

Hintergrund-Info

Um eine Rechtsgrundlage für den erwähnten Sachkundenachweis zu haben, gelten Straußenvögel in Deutschland nach dem Tierschutzgesetz (TSchG) nicht als landwirtschaftliche Nutztiere. In der steuerlichen Gesetzgebung ist der Strauß dagegen sehr wohl ein landwirtschaftliches Nutztier, allerdings nicht bei der Mehrwertsteuer: Bei traditionellen Nutztieren gilt der ermäßigte Satz von 7 % (Stand Sommer 2017), beim Kauf oder Verkauf von Straußen werden wie etwa beim Auto oder Farbfernseher 19 % fällig.
Gemäß der EU-Verordnung über die Lebensmittelhygiene gilt der Strauß als Farmwild – das einzige Nutztier in dieser Rubrik, im Gegensatz zum sonstigen Geflügel, das als Farmgeflügel eingestuft ist. Da Speiseeier aber nur von Farmgeflügel gelegt werden, nicht aber von Farmwild, schwebt das Straußenei, das auch bei der verbreiteten Allergie gegen Hühnereiweiß bedenkenlos verzehrt werden kann und entsprechend nachgefragt ist, als „Nicht-Ei" im rechtsfreien Raum. Es unterliegt daher nicht der Stempel- bzw. Kennzeichnungspflicht für Eier, und es gibt folgerichtig auch kein entsprechendes Import-Formular. Daher können Speiseeier vom Strauß aus Südafrika auch nicht in die EU eingeführt werden, im Gegensatz zu Bruteiern.
Nach dem Tiergesundheitsgesetz, das auch die Entschädigung bei angeordneter Keulung (= Tötung) im Seuchenfall regelt, gilt der größte Vogel der Welt als Huhn, das mit maximal 50,00 €/Tier vergütet wird. Bei der Beseitigung von verendeten Straußen wird aber derselbe Preis berechnet, der für Schweine und sogar Rinder gezahlt werden muss. Verwirrende Vielfalt auch im Fall der Schlachtung: Die Gebühren für Lebend- und Fleischbeschau orientieren sich hier am Schwein, dort am Rind und wieder wo anders am Huhn oder der Pute.

Darüber hinaus haben die Bundesländer Hessen, Niedersachsen und Schleswig-Holstein Verordnungen bzw. Erlässe formuliert, an denen sich die Genehmigungsbehörden des jeweiligen Bundeslandes orientieren müssen. Grundlage sind die oben genannten Papiere, die nach den jeweiligen Vorstellungen der Landesbehörden interpretiert werden.

Beide Papiere stammen aus den Anfangsjahren der landwirtschaftlichen Straußenhaltung und sind in vielen Aussagen durch neue Erkenntnisse und auch durch wissenschaftliche Arbeiten widerlegt. artgerecht e. V., der Berufsverband Deutsche Straußenzucht, und der Bundesverband Deutscher Straußenzüchter e. V. haben sich schon früh dafür eingesetzt, dass die Mindestanforderungen bzw. die Europaratsempfehlung überarbeitet und an den heutigen Wissensstand angepasst werden. Doch vom Europarat wird dazu nichts mehr zu hören sein, da der „Ständige Ausschuss“ seine Arbeit schon vor einigen Jahren eingestellt hat und ersatzlos gestrichen wurde. Die Mindestanforderungen wurden dagegen 2016/2017 überarbeitet. Die aktuelle Version finden Sie ebenso im Anhang wie die wesentlichen Gesetze im Zusammenhang mit der Straußenhaltung.

5 Umgang mit den Tieren

Strauße sind generell anhängliche, neugierige und verspielte Tiere, allerdings sind sie auch sehr schreckhaft und schnell gestresst. Im Umgang mit den Tieren sollte der Halter daher ihren Spieltrieb nutzen, um ihnen Stress zu ersparen.

Mit dem Strauß auf „Du und Du“

Bauen Sie eine persönliche Beziehung zu ihren Tieren auf: Sprechen Sie viel mit ihnen. Strauße sind dankbare Zuhörer und reagieren auf bekannte Stimmen und Stimmlagen. Gewöhnen Sie sie daran, gestreichelt und getätschelt zu werden. Lassen Sie sie an Ihrer Jacke zupfen und an Ihrem Finger picken: Es muss ja nicht die Nase oder das kalte Ohr sein.

Der Strauß, das Gewohnheitstier

Wie andere Tiere auch, schätzen Strauße gleichbleibende Futterzeiten und gewohnte Abläufe. Eröffnet sich beispielsweise am Abend im zuvor kurzfristig verschlossenen Stall das Futter-„Buffet“, werden Küken und Jungstrauße begeistert in den Stall stürzen. Der Halter kann gemütlich hinter der Gruppe die Tür zuziehen und erspart sich und den Tieren den Stress des Hineintreibens.

Spielerischer Umgang fördert Vertrauen

Praxis-Tipp

Sind junge Tiere daran gewöhnt, aus einem Eimer Salatblätter oder andere Köstlichkeiten zu erhalten, nachdem der Halter vorher laut auf den Eimerboden geklopft hat, werden sie ihm, seinem Eimer und dem Klopfzeichen überallhin folgen – auch auf die Weide nebenan. So schnell und so stressfrei ist eine Kükengruppe umgetrieben. Wichtig: Dies gilt nicht mehr für Jährlinge oder ältere Tiere. Für sie ist Umtrieb Stress pur – und für den Treiber lebensgefährlich!

Fangen von Straußen

Gefangen werden bedeutet für jedes Tier ein hohes Maß an Stress – zumal für ein Fluchttier wie den Strauß. Da sich Fangen aber selbst bei Küken nicht vermeiden lässt, die an den Halter gewöhnt sind, muss immer versucht werden, so stressarm zu fangen wie nur immer möglich. Bei Küken ist dies relativ einfach: Sie werden mit Futter in eine Ecke gelockt oder behutsam getrieben und dann nacheinander aus der Gruppe „gepflückt".

Praxis-Tipp

Nach der sogenannten Europaratsempfehlung zur Haltung von Straußenvögeln sollen Küken bis zu zehn Wochen beim Fangen „mit einer Hand unter dem Bauch hochgehoben und mit der anderen Hand die Beine festgehalten werden, um das Treten des Kükens zu stoppen". Tun Sie dies nie! Zum einen wiegen Küken mit zehn Wochen bereits bis zu 20 kg und sind demnach in der Regel kaum mit einer Hand hochzuheben. Viel wichtiger aber ist: Der Versuch, die Beine eines Kükens festzuhalten, ist für Tier und Halter mit einem sehr hohen Verletzungsrisiko verbunden.
Ältere Tiere (ab ca. 4. Lebensmonat) müssen mit einer Fanghilfe eingefangen werden. Keinesfalls sollten hierzu Fang- oder der sogenannte Hirtenhaken be-

So muss ein Küken gehalten werden – nicht an den Beinen!

Stressfeies Einfangen mit dem Hoodwink

nutzt werden. Nur ein sehr erfahrenes und besonnenes Team von mindestens drei Personen ist in der Lage, einen ausgewachsenen Strauß auf der Weide mit einem Haken einzufangen, ohne dass der Fangversuch in wildes, extrem stressiges Rodeo mit erheblichem Verletzungsrisiko für Tier und Fänger ausartet.

Zwar wird das Einfangen mit Hirtenhaken in der Europaratsempfehlung als Möglichkeit genannt. Die Halterverbände artgerecht e. V., der Berufsverband Deutsche Straußenzucht, und der Bundesverband Deutscher Straußenzüchter lehnen diese Fangmethode aber einvernehmlich als grob tierschutzwidrig ab, empfohlen wird vielmehr das Verwenden einer undurchsichtigen Fanghaube, die dem Tier über den Kopf gezogen wird. Die Fanghaube bzw. -kappe muss so weit sein, dass das Tier ungehindert atmen kann. Sie muss aber andererseits aber durch einen Gummizug an der Öffnung so eng sein, dass sie vom gefangenen Strauß nicht abgeschüttelt oder abgestreift werden kann. Der Gummizug darf den Hals aber auch nicht einschnüren, da das Tier sonst gestresst und sehr unruhig wird.

Praxis-Tipp

Strauße schließen die Augen unter einer Fangkappe nicht, sodass der Stoff schmerzhaft über das geöffnete Auge reibt. Daher muss die Haube so schnell wie möglich wieder abgenommen werden – selbst bei einem kurzen Transport von wenigen Metern.

Praxis-Tipp

Ideal für einfaches, risikoloses und nahezu stressfreies Einfangen ist der sogenannte „Hoodwink“. Dabei handelt es sich um einen ca. 25 cm hohen und ca. 30 cm breiten, undurchsichtigen Stoffbeutel, dessen Öffnung mit einem Gummizug auf ca. 10 cm verengt wird. Dieser Beutel wird über einen ringförmigen Metallhalter mit Stil gezogen, der wie ein Tennisschläger mit einer ca. 5 cm breiten Öffnung an der Spitze aussieht. Der Durchmesser des ringförmigen Halters muss so gewählt werden, dass der Stoffbeutel einfach aufgezogen werden kann, aber nicht zu leicht abrutscht. Mit diesem Halter kann man selbst ohne Erfahrung den Beutel leicht über den Kopf des Tieres stülpen. Setzt der Fänger die Bewegung von oben nach unten fort, rutscht der Straußenhals durch die Öffnung des Halters und gibt diesen wieder frei. In der Regel genügt eine weitere Person, um das Tier ruhig zu halten.

Führen von Straußen

Wenn Sie einen Strauß führen wollen, brauchen Sie Hilfe – selbst bei einem Jungtier! Zu zweit, besser zu dritt kann ein geblendetes Tier sicher auch über eine größere Strecke geführt werden. Sie dürfen sich dem Tier nie von vorne nähern, auch wenn dies in der bereits mehrfach zitierten Europaratsempfehlung beschrieben wird. Ein durch die Fangkappe geblendetes und logischerweise verunsichertes Tier erschrickt

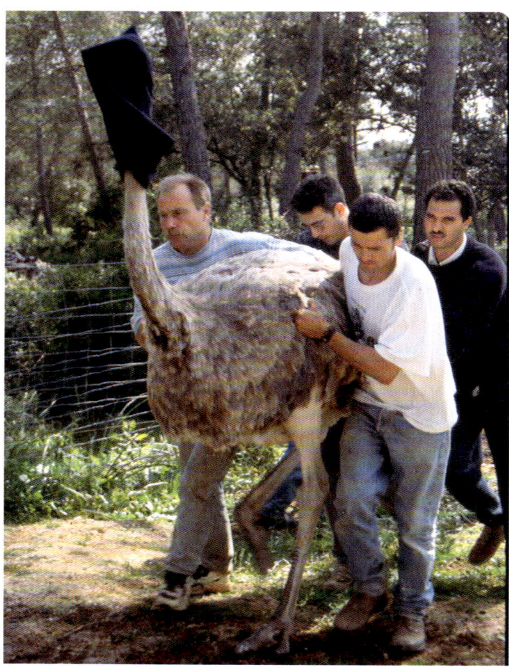

Richtiges Führen: seitlich und von hinten fest im Griff

leicht und kann dann nach vorne austreten. Bedenken Sie immer: Der Tritt eines Straußes kann selbst für einen ausgewachsenen Löwen tödlich sein!

Man nähert sich einem Strauß ohne Ausnahme seitlich oder von hinten, umfasst mit einer Hand den Bürzel (nicht die Schwanzfedern!) und mit der anderen Hand die Brust. Sie sollten einen Strauß nie am Flügel fassen, da dieser brechen oder ausgekugelt werden kann. Entweder wird das Tier nach vorne geschoben oder – mit leichtem Zug am Bürzel – rückwärts geführt. Treten Sie auch beim Rückwärtsführen nie vor das Tier!

Ärztliche Behandlungen

Muss ein Tier ein Medikament erhalten, lässt sich auch dies meistens ohne stressiges Fangen, Halten und Fixieren erledigen: In ein Grasbüschel verpackt und aus der Hand des Betreuers angeboten, wird der Patient eine Tablette gierig verschlingen. Selbst Schmerzmittel oder Schleimlöser in Pulverform werden, in ein feuchtes Salatblatt eingerollt, zur Delikatesse. Sogar Wundversorgung, Verband anlegen oder auch eine Injektion unter die Haut oder das Setzen eines Transponders (= Mikrochip) lässt sich wie nebenbei erledigen, während das Tier mit

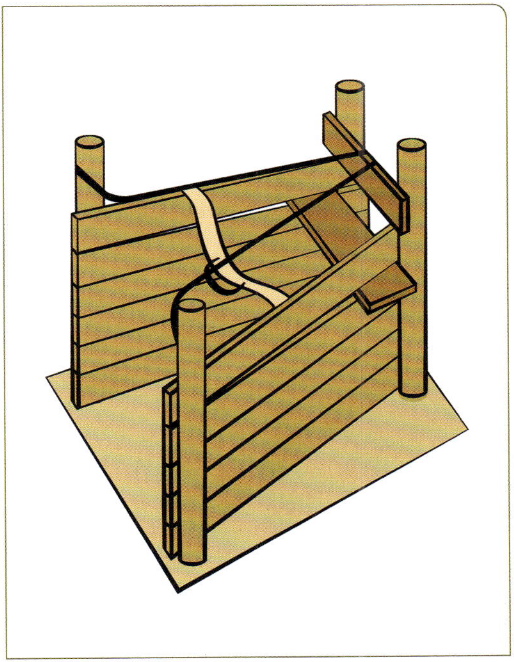

Schema einer Behandlungsbox

Spielen abgelenkt wird. Ist das Tier nervös, oder sind massivere Eingriffe nötig, muss der Strauß allerdings in eine Behandlungsbox geschoben und dort fixiert werden, damit er ruhig steht.

Praxis-Tipp

Die Behandlungsbox besteht aus zwei Rundhölzern, die an drei Stützpfosten befestigt sind und in einer Höhe von ca. 120–130 cm spitz aufeinander zulaufen, sodass das Tier mit dem unteren Drittel des Rumpfes festsitzt. Mit einem festen Riemen über den Rücken wird es dann fixiert. Wichtig ist, dass die Hölzer in diesem Bereich gut gepolstert und fest mit dem Boden verankert sind. Eine stationäre Behandlungsbox hat allerdings den Nachteil, dass jedes zu behandelnde Tier zum Standort der Box transportiert werden muss. Daher empfiehlt sich, gerade für größere Farmen, eine mobile Behandlungsbox, die beispielsweise in einen Pferdehänger eingebaut wird.

Praxis-Tipp

Im Rachenraum des Straußes liegen Luft- und Speiseröhre direkt hintereinander. Bei der oralen Gabe von Medikamenten darf die vorne liegende Luftröhre keinesfalls mit der Speiseröhre verwechselt werden. Um zu verhindern, dass Medikamente in die Luftröhre gelangen, sollte sie mit dem Zeigefinger kurz abgedeckt werden.

Transport von Straußen

Strauße sollten wegen ihrer sehr starken Sozialprägung immer in Gruppen transportiert werden. Platzbedarf und Gruppengröße finden Sie im Anhang. Wird ein älteres Tier einzeln transportiert, muss der Transpor-

Transport von Küken: sicher in kleinen Gruppen

traum so begrenzt werden, dass sich das Tier zwar drehen und auch setzen kann, bei Bremsmanövern oder in Kurven aber Halt findet. Küken und Jungtiere sollten nie einzeln transportiert werden.

In Europa hat sich für den Transport von Straußen der Einsatz von Doppelanhängern für Pferde bewährt. Küken können bis zu einem Alter von ca. drei Wochen auch in Kisten oder starken Kartons im Rückraum eines Pkw-Kombis transportiert werden.

Praxis-Tipp

Transport bedeutet für jeden Strauß eine hohe Stressbelastung. Da sich durch Stress die Körpertemperatur erhöht, muss darauf geachtet werden, dass die Tiere nicht zu eng stehen – nur Küken sitzen während des Transports; Jung- und Alttiere stehen meist – selbst über längere Zeit.

Als besonders geeignet hat sich für einen stressarmen Transport eine Unterteilung des Transporters quer zur Fahrtrichtung erwiesen. Sie muss so hoch sein, dass sie auch von einem großen Tier nicht überwunden werden kann. Andererseits müssen sich die Tiere aber auch sehen können.

Praxis-Tipp

Um den unvermeidbaren Transportstress so gering wie möglich zu halten, sollten Strauße jeden Alters möglichst nicht tagsüber transportiert werden. Da Strauße ihre Aktivität bei Dämmerung oder Dunkelheit erheblich reduzieren und fast träge werden, empfiehlt sich immer ein Nachttransport. Küken, die am Abend geladen werden, schlafen meist nach kurzer Zeit ein – und wachen am nächsten Morgen in ihrer neuen Umgebung auf. Ein schwaches Licht im Transporter verhindert, dass Tiere unterwegs bei völliger Dunkelheit in Panik geraten.

Der Nachttransport hat gerade im Sommer den Vorteil, dass die Temperaturen nachts weit erträglicher sind als tagsüber, außerdem ist die Verkehrslage dann meist wesentlich entspannter als tagsüber. Denken Sie daran, dass die Sonne den Hänger bei einem Stau unbarmherzig aufheizt und kein Lufthauch Kühlung bringt.

In einem quer geteilten Doppelanhänger für Pferde können zweimal zwei ausgewachsene Tiere transportiert werden, die sich dann auch drehen und setzen können, aber Brems- und Beschleunigungskräften nicht schutzlos ausgeliefert sind. Die übliche Längsabtrennung eines Doppelanhängers für Pferde muss dagegen – außer bei kurzen Strecken – unbedingt entfernt werden. Sie verhindert, dass sich die Tiere drehen können. Das eingeengte Stehen ohne Drehmöglichkeit kann einen Strauß bei einem langen Transport so extrem stressen, dass er unterwegs verendet.

Praxis-Tipp

Das Verladen von Straußen wird erheblich erleichtert, wenn die Querteilung, vor allem aber eine Rückwand direkt bei der Laderampe am Ende des Anhängers jeweils als rechte und linke Tür mit einer Höhe von 1,60 m eingebaut wird. Beim Verladen wird die Laderampe nach unten geklappt, damit ist der Anhänger über die gesamte Breite geöffnet. Um einen Strauß mit übergestreifter Fanghaube sicher im Hänger zu halten, benötigen Sie zwei Personen, oder Sie schließen den Anhänger nach jedem Verladevorgang.

Bildet eine Doppeltür den Abschluss, können Sie die Laderampe immer geöffnet lassen, weil die jeweilige Innentür sofort wieder geschlossen wird. Allerdings muss ein Pferdeanhänger entsprechend umgebaut werden, was in der Regel nur bei einem eigenen Fahrzeug möglich ist.

Im Transportfahrzeug dürfen keine Teile überstehen, keine scharfen Ecken oder Kanten vorhanden sein, die zur Verletzung der Tiere führen können. Besonders wichtig ist ein rutschfester Boden (Gummimatten, Sägemehl). Stroheinstreu hat sich nicht bewährt, da Stroh selbst bei einer Gummiunterlage keinen festen Stand bietet. Außerdem ist Sägemehl wesentlich saugfähiger, sodass Kot und Harn selbst bei längerem Transport die Standsicherheit der Tiere nicht einschränken.

Pferdehänger mit Doppeltür: erleichtert das Laden

Auch Hennen können gefährlich sein

Dem Strauß, der verladen werden soll, wird eine blickdichte Haube über den Kopf gestülpt (siehe auch Kap. 5 „Fangen von Straußen"). Ein Tier, das nichts mehr sehen kann, lässt sich normalerweise von zwei, drei Mann problemlos in den Hänger schieben. Denken Sie aber unbedingt daran, die Haube bzw. Fangkappe nach Abschluss des Verladevorgangs wieder abzunehmen!

Praxis-Tipp

Um beim Einfangen von Tieren zum Transport Nervosität bei der Restgruppe zu vermeiden, sollte man die Tiere mit Futter ablenken. Da die Lieblingsspeise meist absoluten Vorrang hat, registrieren die Tiere das Fangen und Verladen nur eher beiläufig.

Umstallen bzw. Umtrieb

Sollen Zuchtfamilien neu zusammengestellt werden, sollte man den Hahn ins Gehege der Hennen umsetzen. Kommen umgekehrt die Hennen ins Revier des Hahns, besteht die Gefahr, dass er sie zunächst nicht als mögliche Geschlechtspartnerinnen, sondern als Eindringlinge sieht und attackiert. Wird von einer frisch formierten Gruppe ein völlig neues Gehege bezogen, sollten die Hennen möglichst einige Tage vor dem Hahn dort einziehen. Der beste Zeitpunkt für das Zusammenstellen einer neuen Gruppe ist direkt nach Ende der Balz- bzw. Brutzeit.

In früheren Veröffentlichungen zu Mindestanforderungen an die Haltung von Straußen wurde stets das „Umtreiben" der Tiere etwa bei Schlammbildung oder zu geringem Weidebewuchs gefordert. Diese Praxis, die bei anderen Nutztierarten durchaus üblich ist, bedeutet für das „Revier-Tier" Strauß eine außergewöhnliche Stressbelastung, und sie bringt den oder die Treiber in höchste Lebensgefahr!

Praxis-Tipp

Ein ausgewachsener, geschlechtsreifer Hahn wird sofort jeden angreifen, der ernsthaft versucht, ihn aus seinem Revier zu treiben – und sei es nur auf die andere Seite des Zauns. Daher müssen Gehege immer so groß angelegt werden, dass ein Umtrieb nicht nötig wird. Neigen Flächen beispielsweise mit lehmigem Untergrund zu Staunässe und schneller Verschlammung, sind diese Flächen für die Haltung von Straußen nicht geeignet. Sollte es dennoch nötig sein, einen ausgewachsenen Strauß umzusetzen, muss das Tier grundsätzlich mit einer Fanghaube geblendet und geführt werden.

Maßnahmen zum Schutz des Menschen

Erwachsene Strauße können auch gegen vertraute Personen aggressiv sein, insbesondere der Hahn ist mit Vorsicht zu genießen – vor allem während der Balzzeit, wenn Schnabel und Läufe intensiv rot gefärbt sind. Aber auch außerhalb dieser Zeit kann ein Strauß dem Menschen gefährlich werden, selbst wenn der ihm beim Schlupf aus dem Ei geholfen und das Küken dann liebevoll aufgezogen hat. Obwohl die Tiere zutraulich und menschbezogen sind, bleibt selbst bei Hennen ein Restrisiko.

Hintergrund-Info

Der Österreicher Reiner Gärtner, einer der erfahrensten Straußenhalter weltweit, wurde im Frühjahr 2014 beim Durchqueren seines großen „Straußenlandes" von einem Hahn angegriffen und lebensgefährlich verletzt. Der Tritt traf den Kopf und zerstörte ein Auge. Nur der schnellen Hilfe seines Sohnes und der ärztlichen Kunst verdankt der Pionier der europäischen Straußenhaltung, dass er 30 Einzelbrüche seines Schädels überlebte.

Unterstand mit großem, verschließbarem Tor

Praxis-Tipp

Gehegezäune und Unterstände sollten so gestaltet sein, dass erwachsene Strauße von außen gefüttert und getränkt werden können. Außerdem sollten Zäune bei Alttieren erst 60 cm oberhalb des Bodens beginnen. Ein derartiger „Notausstieg“ kann nicht nur Leben retten, er ermöglicht dem Farmer auch, das Gehege an jeder beliebigen Stelle, eben auch weit weg vom Hahn, zu betreten und auch wieder zu verlassen.

Ratsam ist auch, den Unterstand für erwachsene Strauße auf jeden Fall mit einer Tür zu versehen, damit man die Tiere im Notfall kurz wegsperren kann. Manche Strauße neigen dazu, ihre Nester mitten im Gehege anzulegen. Ohne die Möglichkeit der „Sicherheitsverwahrung“, möglichst der gesamten Familie, wäre der tägliche „Eierklau“ in diesem Fall eine lebensgefährliche Angelegenheit.

6 Aufbau und Betrieb einer Farm

Der Strauß kann in Europa so gehalten werden, wie es seinen natürlichen Bedürfnissen entspricht – in Offenstallhaltung mit uneingeschränktem Zugang zur großen Weide, auf der das beste und billigste Straußenfutter im Überfluss wächst. Und er *muss* allein schon aus Gründen der Wirtschaftlichkeit entsprechend gehalten werden.

Vergleiche der Produktionskosten mitteleuropäischer und afrikanischer Betriebe machen deutlich, dass höheren Lohn- und Flächenkosten in Mitteleuropa wesentlich höhere Futterkosten in Afrika gegenüberstehen. Die Haltung auf einer grünen Weide und die Möglichkeit, den Futterbedarf im Winter weitgehend durch eigenes Heu bzw. Silage zu decken, sichern dem Farmer in gemäßigten Klimazonen nicht nur die Wirtschaftlichkeit, sondern naturgemäß auch die Wettbewerbsfähigkeit.

Artbedingte Vorgaben für Geländeauswahl

Der künftige Straußenfarmer muss bedenken, dass Strauße
- als Lebensraum offene Savannen bzw. Grassteppen bevorzugen,
- ein ausgeprägtes Sozial- und Revierverhalten an den Tag legen,
- bei Gefahr mitunter panikartig flüchten,
- vor allem während der Brutzeit ihr Revier – also das Gehege – sehr wehrhaft verteidigen und Eindringlinge mit äußerst kräftigen Fußtritten angreifen.

Grüne, große Weide: die ideale Fläche für Strauße

Eingezwängte Mischhaltung: kaum artgerecht

Aus diesen Eigenschaften ergeben sich für die Auswahl eines geeigneten Geländes grundsätzliche Rahmenbedingungen:

- Straußen muss geeignete Fläche zur Verfügung stehen. Unter „geeignet“ sind weitgehend freie Flächen ohne dichten Baumbestand zu verstehen. Sie sollte möglichst eben bzw. hügelig, nicht aber überwiegend gebirgig sein oder steil abfallen. Der Untergrund darf nicht zu Staunässe neigen, wie dies etwa in weiten Teilen Niedersachsens der Fall ist. Er darf aber auch nicht aus Sand bestehen wie „des Heiligen Römischen Reiches Streusandbüchse“. So wurde die Mark Brandenburg schon vor hunderten von Jahren wegen ihrer sandigen Böden bespöttelt.

Hintergrund-Info

Ein Straußenfarmer, der um das Jahr 2000 südöstlich von Berlin eine große Farm aufbauen wollte, musste wegen zu hoher Futterkosten schon nach kurzer Zeit aufgeben. Er konnte seine großzügigen, mit vergleichsweise wenigen Tieren besetzten Weiden nicht so schnell bewässern, wie die Strauße den spärlichen Aufwuchs wegfraßen.

- Straußen muss ausreichend Fläche zur Verfügung stehen. Dies ist im engen, dicht besiedelten Europa, das neben vielen Menschen auch noch viele Nutztiere beheimatet, nur sehr schwer zu realisieren. Interessenten an der Straußenhaltung stellen erfahrungsgemäß zunächst immer die Frage, woher sie geeignete Tiere für Zucht oder Aufzucht erhalten können. Viel wichtiger wäre aber die Frage, wo sie geeignetes Gelände finden, auf dem sie die Tiere halten können.

Artbedingte Grundsätze der Farmhaltung

Wegen der biologischen Voraussetzungen und natürlichen Verhaltensansprüche von Straußen müssen in der Farmhaltung diese grundsätzlichen Bedingungen erfüllt werden:

- Strauße müssen ganzjährig ständig und uneingeschränkt Zugang zu einer Weide haben, deren Bewuchs während der Vegetationsperiode eine erhaltende Ernährung mit natürlicher Rohfaser gewährleistet.
- Strauße müssen in Gruppen gehalten werden. Eine Einzelhaltung, beispielsweise kranker Tiere, ist bei Sichtkontakt zu anderen Straußen nur ausnahmsweise und zeitlich begrenzt zulässig. Allerdings kann ein älteres Tier, das von der Gruppe getrennt werden muss und Sichtkontakt zu seinem angestammten Revier hat, so gestresst sein, dass es ständig gegen den Trennzaun anrennt, um zu seiner Gruppe zurückzukommen. In diesem Fall muss das Tier unbedingt in ein abgelegenes Gehege ohne Sichtkontakt zu seiner bisherigen Gruppe umgesetzt werden.
- Küken dürfen wegen der extremen Stressbelastung keinesfalls einzeln gehalten werden. Bei einer krankheitsbedingten Isolierung müssen ein oder zwei weitere Küken zugegeben werden.
- Möglichkeiten, Tiere von ihrer Gruppe abzusondern, müssen in Stall/Unterstand und Gehege vorhanden sein (z. B. Bauzaunelemente mit oder ohne Sichtschutz), auch ein Quarantänegehege sollte zur Verfügung stehen.
- Bei erwachsenen Tieren kann eine vorübergehende völlig isolierte Haltung aus absolut zwingenden Gründen toleriert werden. Die Wiedereingliederung in die Gruppe kann dann aber äußerst problematisch sein.

Praxis-Tipp

Grundsätzlich muss der Hahn in die Gruppe eingegliedert werden. Dabei empfiehlt es sich, das Tier gegen Abend in das neue Gehege zu bringen, da Strauße mit einsetzender Dämmerung ruhiger werden. Dadurch haben Hahn und Hennen mehr Zeit, sich stressfrei aneinander zu gewöhnen. Schwieriger ist es, eine Henne in eine bestehende Gruppe zu integrieren. Idealerweise sollte man die Gruppe in das Gehege des Einzeltiers bringen und erst nach Gewöhnung in ihr ursprüngliches Gehege umsiedeln. Da dies in europäischen Haltungen aus Platzgründen vielfach nicht möglich ist, muss das Verhalten der Gruppe beobachtet und diese bei Unverträglichkeit über Nacht im Unterstand eingesperrt werden. Dies erleichtert dem Einzeltier die Gewöhnung an die neue Umgebung, sodass es weiß, wie es anfänglichen Abwehrreaktionen der Gruppe ausweichen kann.

Enge Treibgänge provozieren Federpicken

- Stallhaltung ist – da tierschutzwidrig – unzulässig und selbst im Winter auch nicht erforderlich. Allerdings müssen Straußen ständig trockene und zugfreie Unterstände mit Stroheinstreu zur Verfügung stehen – möglichst auch mit einem Sandbadeplatz. Nur bei wirklich sehr außergewöhnlichen Umständen (z. B. Blitzeis, Hochwasser) kann eine vorübergehende und auf die Dauer der außergewöhnlichen Situation begrenzte Stallhaltung toleriert werden.
- Verbindungsgänge (= Treibgänge) zwischen Stall und Gehege müssen unbedingt vermieden werden. Da sich die Tiere erfahrungsgemäß häufig in diesen Gängen aufhalten, kommt es hier gerade in der Winterzeit verstärkt zu Federpicken. Zudem bedeutet die räumlich eingeengte Situation bei Rangkämpfen und Schrecksituationen (Tiefflieger usw.) eine erhebliche Gefahr für die Tiere.
- Jeder Stall bzw. Unterstand muss einen unmittelbaren Zugang zur Weide haben. Treibwege sollen ausschließlich dem Gehegewechsel von Küken oder Jungtieren dienen und müssen so kurz wie möglich gehalten werden. Alttiere können nicht umgetrieben werden, sondern müssen im Falle eines Gehegewechsels gefangen und geblendet geführt bzw. transportiert werden.
- Böden von Gehege, Unterstand oder Stall müssen möglichst rutschfest sein. Staunässe muss gegebenenfalls mit geeigneten Maßnahmen (Auffüllen des Geländes, Drainage, Strohmatten) beseitigt werden. Ausgeprägte Hanglagen sind für die Haltung von Straußen nicht geeignet. Drahtroste, Spaltenböden o. Ä. dürfen nicht verwendet werden.

- Um Verletzungen vorzubeugen, müssen scharfe Kanten, hervorstehende Schrauben, Splitter und Nägel, aber auch Türklinken oder Zaunlücken vermieden werden, in denen sich ein Tier mit dem Kopf verfangen kann. Alle Gehegeeinrichtungen müssen in dieser Hinsicht regelmäßig überprüft werden. Stacheldraht darf keinesfalls verwendet werden.

Farmstruktur

Bei der Planung einer Farm muss zunächst die Haltungsform geklärt werden. Zwischen den Extremen, der extensiven und der intensiven Haltung, gibt es eine Vielzahl von Varianten. In Afrika, aber auch in Israel, hat man bei Alt- bzw. „Zucht"tieren in der Vergangenheit überwiegend verschiedene Varianten der extensiven Haltung betrieben. Bei deren Urform werden die Elterntiere in Gruppen auf großen Flächen gehalten und bleiben – fast wie in freier Wildbahn – sich weitgehend selbst überlassen. Sie ernähren sich vom Bewuchs der Fläche, brüten selbst und ziehen auch den Nachwuchs auf. Weil der Strauß aber – wie jeder andere Vogel auch – das Legen einstellt, wenn er zu brüten beginnt, beschränkt sich die Zahl der Küken pro Familie jedoch auf höchstens 15 Tiere.

Bei der intensiven Haltung werden die Tiere in Zuchtfamilien (ein Hahn, meist zwei Hennen = ein Trio) auf kleiner Fläche bei völliger Futterversorgung durch den Farmer gehalten. Die Eier werden im Motorbrüter bebrütet und die Küken vom Menschen aufgezogen. Einer deutlich höheren Anzahl der Küken pro Henne stehen allerdings ein erheblicher Mehraufwand an Zeit und Arbeit sowie hohe Futterkosten gegenüber.

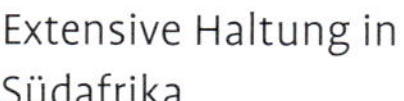

Extensive Haltung in Südafrika

Vor allem in Mitteleuropa hat sich daher eine Mischform durchgesetzt, die semi-intensive Haltung, die Haltung im großzügigen Gehege mit nur teilweiser Zufütterung. Die Bebrütung erfolgt überwiegend maschinell, wird gegen Ende der Lege- bzw. Brutsaison aber auch den Elterntieren überlassen. Dabei werden bei erheblich reduziertem Aufwand ebenfalls sehr gute Aufzuchtraten erzielt. Da diese Art der Haltung den Bedürfnissen der Tiere ebenso gerecht wird wie den wirtschaftlichen Erwartungen des Halters – die Grundvoraussetzungen einer zeitgemäßen Tierproduktion –, orientieren sich alle nachfolgenden Angaben an dieser Form.

Intensivhaltung in Rumänien

Semi-intensive Haltung in Deutschland

Überweidet: weniger Leistung, höhere Kosten

Geländebedarf

Wer eine Straußenfarm plant, sollte vor allem in dicht besiedelten, „landarmen" Regionen nie den Fehler machen, im Vertrauen auf mögliche Erweiterungsflächen mit einer kleinen Fläche zu beginnen. Zu viele Kleinbetriebe mussten bereits aufgeben, weil die dringend erforderliche Erweiterungsfläche – aus welchen Gründen auch immer – dann doch nicht zur Verfügung stand. Grundsätzlich sollte die Mindestfläche 5 ha betragen – ein Betrieb, der Straußenhaltung im Vollerwerb betreiben will, sollte in jedem Fall mindestens 10 ha Weideland zur Verfügung haben.

Diese Werte beruhen auf verschiedenen Faktoren: den Mindestflächen, die von Behörden verlangt werden, steuerrechtlichen Bestimmungen für die Bewertung als landwirtschaftlicher Betrieb (Berechnung nach Vieheinheiten VE – siehe Anhang), den betriebswirtschaftlichen Erfordernissen – und vor allem den praktischen Erfahrungen der professionellen Betriebe in Mitteleuropa.

Werden Strauße auf zu geringen Flächen gehalten, ist die Vegetationsdecke in kurzer Zeit zerstört. Abgesehen davon, dass dadurch das Wohlbefinden der Tiere und damit auch ihre Leistungsfähigkeit erheblich beeinträchtigt werden, hat dies auch eine erhebliche Steigerung der Futterkosten zur Folge, außerdem verstärkt sich die Infektionsgefahr bei dichtem Besatz auf geringer Fläche explosionsartig.

Bei Küken und Jungtieren kann die Gefahr einer parasitären Infektion durch regelmäßige Rotation auf eine Wechselweide vermieden werden, die in diesem Alter durchaus zu empfehlen ist. Doch muss auch hier nach dem Grundsatz verfahren werden: Großzügige Flächen und eine nachhaltige Weidebewirtschaftung bzw. -pflege sind die beste

Eine gepflegte Weide ist die beste Prävention

Gesundheitsvorsorge – und zudem Garant für Wirtschaftlichkeit. artgerecht e. V., der Berufsverband Deutsche Straußenzucht, fordert in seinen Haltungsrichtlinien daher folgende Mindestflächen/Gehege (siehe auch „Richtwerte für Flächenbesatz" im Anhang):

- Zuchttiere ab 2 Jahre: Mindestgröße 2500 m² (Besatz: 1 Trio = 2 Hennen/1 Hahn). Jede weitere Henne 250 m² mehr, jeder weitere Hahn 1000 m² mehr. Eine großflächige Überweidung ist zu vermeiden.
- Trittschäden, vor allem zu angrenzenden Gehegen oder auch Straßen/Häusern hin, sind nicht zu vermeiden. Das betroffene Gelände

Hintergrund-Info

In den Anfangsjahren der landwirtschaftlichen Straußenhaltung hat in Europa kaum ein Halter damit gerechnet, dass – einmal abgesehen von Federmilben – ein straußenspezifischer Parasit zum Problem werden könnte. Seit der Jahrtausendwende ist aber bekannt, dass der sogenannte Afrikanische Straußenmagenwurm *(Libyostrongylus douglassii)* auch in Europa vorkommt. Ursprünglich galt als sicher, dass dieser „Wüstenparasit" in kalten Regionen nicht überleben und damit auch nicht gefährlich werden könne. Im Frühjahr 2002 wies Dr. Christian Bauer (Institut für Parasitologie der Justus-Liebig-Universität Gießen) aber darauf hin, dass dieser Endoparasit in Europa bereits nachgewiesen und sein Überleben als Ei oder Larve in der Außenwelt Schwedens gesichert festgestellt wurde. Heute gilt der Magenwurm, der bei Küken zu hohen Verlusten führt, als fast flächendeckendes Problem europäischer Haltungen, die vielfach über geringe Flächen verfügen (siehe auch „Medizinische Prävention").

muss aber durch geeignete Maßnahmen trittsicher gehalten werden.

- Bei Überweidung durch dauerhafte ungünstige Bedingungen sind Besatzdichte bzw. Fläche anzupassen.
- 12. Monat bis Zuchtreife: Mindestgröße 2500 m², pro Tier 250 m² (10 bis max. 15 Tiere/Gruppe). Balzende Junghähne sind wie Zuchttiere unterzubringen.
- 7.–12. Monat: Mindestgröße 2500 m², pro Tier altersabhängig 150–250 m².
- 3.–6. Monat: Mindestgröße 1000 m², pro Tier altersabhängig 25–150 m².
- und 2. Monat: Mindestgröße 100 m², pro Tier altersabhängig 2–25 m².
- Tagesküken bzw. bis 2. Woche: 50–100 m² (bis max. 50 Tiere). Bei einem größeren Auslauf fühlen sich Küken in diesem Alter „verloren".
- Um jederzeit einen stressfreien Wechsel zwischen Auslauffläche und Stall zu gewährleisten, wird empfohlen, den Zugangsbereich der Auslauffläche durch ein Vordach so zu schützen, dass der gesamte Eingangsbereich bei Niederschlägen trocken bleibt. Nachts sollen Kükengruppen von mehr als 25 Tieren geteilt werden.

Das in Afrika teilweise noch praktizierte „Abcampen" (= Trennung der Hähne und Hennen nach Ende der Brutsaison in verschiedene Gehege) spielt in Europa keine Rolle. Entsprechende Flächen müssen daher auch nicht vorgehalten werden.

Bei Gemeinschaftshaltung von Straußen mit Tieren anderer Arten ist für die Gehegegröße der Flächenbedarf je Tier der gemeinschaftlich gehaltenen Tierart zuzüglich der entsprechenden Fläche für die gehaltenen Strauße zugrunde zu legen.

Gehege für die Trennung der Tierarten bei Unverträglichkeit sollten in entsprechender Größe zur Verfügung stehen. Die Anforderungen der einzelnen Tierarten an die Bodenbeschaffenheit und Gehegegestaltung müssen erfüllt und Rückzugsmöglichkeiten vorhanden sein.

Neben den Richtlinien, die Flächengrößen und maximalen Tierbesatz vorgeben, sind Bestimmungen nach dem Naturschutzgesetz und dem Bewertungsgesetz zu beachten (Details im Anhang). Während im Naturschutzgesetz die Belastung der Umwelt durch Tierhaltung im Vordergrund steht, ziehen die im Bewertungsgesetz genannten maximalen Besatzzahlen je Hektar verfügbarer Fläche die Grenze zwischen landwirtschaftlicher und gewerblicher Tierhaltung.

Als gewerblich eingestuft wird ein Landwirtschaftsbetrieb, der dem Gesetz nach eigentlich privilegiert wäre, auch dann, wenn der Besatz der Flächen über die Höchstzahlen nach dem Bewertungsgesetz hinausgeht.

Hintergrund-Info

Die Haltung von Pensionspferden, die meist im Stall stehen und nur begrenzt Auslauf auf einer kleinen Fläche haben, wird in der Regel als gewerbliche Tierhaltung bewertet. Damit ist eine landwirtschaftliche Privilegierung des Unternehmens nicht möglich.
Es sei denn, es stehen andere, nicht genutzte Flächen zur Verfügung, die in die Gesamtberechnung einfließen können und damit den durchschnittlichen Tierbesatz/Hektar entsprechend verringern. Straußenfarmen haben aber nach aller Erfahrung nur die Flächen, die sie als Weide unmittelbar benötigen. Überschreiten sie den maximalen Tierbesatz/Hektar, besteht die große Gefahr, dass sie nicht als Landwirtschaft, sondern als Gewerbe eingestuft werden.

Praxis-Tipp

Eine Straußenfarm darf keinesfalls als Gewerbebetrieb angemeldet oder bewertet werden, sondern muss immer als landwirtschaftlicher Betrieb anerkannt sein, nur dann können auf landwirtschaftlichen Flächen, die in der Regel im sogenannten Außenbereich liegen, die nötigen Baumaßnahmen realisiert werden (siehe auch im Anhang „Richtwerte für Flächenbesatz").

Hintergrund-Info

Landwirtschaftliches Privileg: Will der Inhaber einer Fläche, die außerhalb der Ortsbebauung bzw. eines qualifizierten Bebauungsplans und damit im sogenannten Außenbereich liegt, einen genehmigungspflichtigen Bau errichten, muss diese Maßnahme nach § 35 Baugesetzbuch (BauGB) privilegiert sein. Dies ist der Fall, wenn das Vorhaben einem landwirtschaftlichen Betrieb dient und nur einen untergeordneten Teil der Betriebsfläche einnimmt. Als landwirtschaftlicher Betrieb gilt auch eine Straußenfarm, wenn gemäß § 201 BauGB die Wiesen- und Weidewirtschaft auf überwiegend eigener Futtergrundlage erfolgt (= mehr als 50 % des benötigten Futters von betriebseigener Fläche).
Die Privilegierung eines Betriebs setzt aber auch die Nachhaltigkeit der landwirtschaftlichen Tätigkeit voraus. Die ist u. a. gegeben, wenn

- die Betriebsfläche ausreichend groß ist,
- der dauerhafte Bestand des Betriebs auf Generationen gewährleistet ist,
- die Absicht auf Gewinnerzielung besteht und
- der Betriebsinhaber persönlich geeignet ist und den Betrieb fachlich leiten kann.

Praxis-Tipp

Alle Voraussetzungen für eine landwirtschaftliche Privilegierung werden von den Genehmigungsbehörden je nach Bundesland und Bauvorhaben unterschiedlich bewertet. Es empfiehlt sich daher, gerade bei der beabsichtigten Gründung einer Straußenfarm deren planungsrechtliche Zulässigkeit durch einen Bauvorbescheid klären zu lassen.

Anlage der Gehege

Aus Gründen der Arbeitsökonomie und um Investitionskosten zu sparen, sollte die Betriebsfläche zusammenhängen und so strukturiert sein, dass die Gehege rund um das Versorgungsgebäude angeordnet liegen. Als sinnvoll hat sich eine Unterteilung in Brut- und Aufzuchtbereich einerseits und Legetierareal andererseits erwiesen. Außerdem sollten die Gehege der Alttiere durch eine Bepflanzung vom Jungtierbereich abgetrennt werden. Dadurch wird gewährleistet, dass sich die Alttiere ungestört der Eiproduktion widmen können.

Die Gehege im Jungtierbereich sollten nach zunehmendem Alter angeordnet werden, beginnend mit der Fläche für Tagesküken. Am Ende liegen die Gehege für Schlachttiere bzw. Zuchtnachwuchs. Hier – etwas abgesondert – kann auch das Quarantänegehege eingerichtet werden, das unbedingt erforderlich ist. Grundsätzlich sollte eine Farm so konzipiert sein, dass die Arbeitsabläufe immer von den jungen zu den alten und gegebenenfalls von gesunden zu kranken Tieren führen.

Die Gehege sollten im weitesten Sinn als Rechteck mit abgeschrägten Ecken angelegt werden. Dadurch wird vermieden, dass sich die Tiere bei Panik oder Flucht bzw. bei Auseinandersetzungen innerhalb der Gruppe in einer spitz- oder rechtwinkeligen Ecke verletzen. Eine Henne, die noch nicht zur Begattung bereit ist und von ihrem Hahn verfolgt wird, kann aus einer rechten oder gar spitzen Ecke nicht fliehen.

Altersgruppen getrennt, aber kein ausreichender Abstand

Zaunhöhe 1 m: Zuchthahn an einer südafrikanischen Hauptstraße

Gehegeeinzäunung

Über die Einzäunung eines Straußengeheges gehen die Meinungen weit auseinander. Während in Mitteleuropa noch immer die irrige Ansicht vorherrscht, ein Strauß könne nur durch einen sehr hohen und massiven Zaun in seinem „Freiheitsdrang“ begrenzt werden, begnügen sich afrikanische Farmen mit eher einfachen Zäunen von 1,20–1,40 m Höhe. Demgegenüber ist in Deutschland eine Mindesthöhe von 1,80 m vorgeschrieben. Hierfür ist eine Baugenehmigung erforderlich, die jedoch nur erteilt werden kann, wenn es sich bei der Farm um einen Landwirtschaftsbetrieb handelt.

Die Farmen Südafrikas sind meist in spärlich besiedelten Gegenden beheimatet. Die Straußenhaltung in Europa liegt dagegen meist in der Nähe oder sogar in unmittelbarer Nachbarschaft von Wohngebieten, Gewerbe, Straßen oder Bahntrassen. Daher fordern Behörden hierzulande, allein schon aus Gründen der öffentlichen Sicherheit, eine stabile, möglichst ausbruchsichere Umzäunung einer Straußenhaltung.

Hintergrund-Info

Wie wichtig eine ausbruchsichere Umzäunung einer Straußenfarm ist, haben mehrere deutsche Halter erfahren. In einem Fall musste eine Autobahn, eine Bundesstraße und eine parallel verlaufende Bahnstrecke mehrere Stunden gesperrt werden, weil ein ausgebrochener Strauß von seinem Halter nicht gefangen werden konnte. Erst als die Polizei das Tier erschossen hatte, konnten die Verkehrswege wieder freigegeben werden. Dem Halter wurden die erheblichen Kosten ebenso in Rechnung gestellt wie einem anderen, dessen Tier von Polizei, Feuerwehr, Technischem Hilfswerk und anderen Helfern drei Tage lang gesucht werden musste.

Strauße können aufgrund ihrer Größe, des Körpergewichts und der hohen Laufgeschwindigkeit nahezu jede Einfriedung überwinden. Die Einfriedung muss daher so beschaffen sein, dass ein Ausbruch, selbst in einer Panikreaktion, nicht möglich ist. Dies ist in der Regel nur durch eine doppelte Umzäunung des Geheges bzw. der gesamten Gehegeanlage zu erreichen.

Aufgrund der sehr starken Revierprägung wird ein Strauß sein Territorium unter normalen Umständen nicht freiwillig verlassen und nach einem Durchbrechen bzw. Überwinden der Einfriedung versuchen, wieder in sein Revier zurückzukommen. Ist dies nicht möglich oder wird er dabei etwa durch unerfahrene Hilfskräfte gestört, kann er ziellos flüchten. Ist er aber nach Durchbrechen des eigentlichen Gehegezauns zwischen Innen- und Außenzaun „gefangen“, wird er sich beruhigen und kann vom Halter einfach zum nächsten Gehegetor getrieben werden. Da das Tier außerhalb seines eigentlichen Reviers stark verunsichert ist, besteht dabei üblicherweise keine Gefahr für den Treiber.

Wenig vertrauenserweckend: Zaunanlage in Belgien

Doppelzaun außen und innen: optimale Sicherheit

Praxis-Tipp

Ein Doppelzaun mit einem dazwischenliegenden Korridor von 3 m verhindert mit großer Wahrscheinlichkeit einen völligen Ausbruch, außerdem wird durch den Doppelzaun sichergestellt, dass Strauße nicht von Fremden gefährdet werden.

Praxis-Tipp

Die Erfahrung mit behördlich angeordneter Aufstallung wegen eines sogenannten Seuchengeschehens zeigt: Farmen mit Doppelzaun haben weit größere Aussichten auf eine Ausnahmegenehmigung als andere Betriebe. Durch den Doppelzaun ist der Kontakt zwischen Mensch und Tier für betriebsfremde Personen ausgeschlossen. Dies ist ein wesentlicher Bestandteil der sogenannten Biosicherheitsmaßnahmen, die im Fall einer gefährlichen Tierseuche wie der Geflügelgrippe (= klassische Geflügelpest oder aviäre Influenza) jeder Betrieb gewährleisten muss.

Grundsätzlich muss ein Innenzaun immer so hoch sein, dass die Rückenhöhe des größten Tiers der Gruppe nicht unterschritten wird.

Benachbarte Gehege von Tieren ab dem 6. Lebensmonat, vor allem aber von Zuchtgruppen, sollten durch einen ausreichend breiten Zwischenkorridor von mindestens 2 m Breite getrennt sein, empfohlen werden auch hier 3 m. Alternativ kann zwischen den Gehegen auch eine Sichtbarriere durch entsprechend breit wachsende Bepflanzung angebracht werden, die einen gebührenden Abstand sicherstellt.

Hintergrund-Info

Der Sinn dieses Abstandes zwischen Zuchttiergehegen, der zweifellos höhere Investitionen erfordert, wird in einer Arbeit der Ludwig-Maximilians-Universität München angezweifelt. Danach kann nur ein einfacher Zaun zwischen Zuchttiergehegen „die Rangfolge konkurrierender Hähne sichern, da die ihre Rangkämpfe am Zaun austragen können".

Alle anderen bekannten wissenschaftlichen Veröffentlichungen weltweit empfehlen dagegen einen Abstand zwischen Zuchtgehegen. Die Begründung ist ebenso einfach wie einleuchtend: Hähne, die an einem gemeinsamen Zaun miteinander kämpfen, versuchen damit ihr Revier gegen den vermeintlichen Eindringling zu verteidigen. Dies hat im besten Fall nicht nur erheblichen Arbeits- und Finanzaufwand für die ständige Reparatur der Zäune und die Behandlung verschrammter Hahnenfüße zur Folge, sondern oft auch eine dramatische Verschlechterung der Befruchtungsrate.

Dies bestätigen die praktischen Erfahrungen der renommierten Zuchtbetriebe in allen Kontinenten. Sie setzen ausnahmslos auf Abstand zwischen den Gehegen und sei es nur durch mehrere Reihen von Spanndrähten, die durch horizontale Holzstreben seitlich vom eigentlichen Zaun wegragen. Der relativ geringe Abstand, der dadurch hergestellt wird, hält die Hähne allerdings oft nicht ausreichend ab, den Nachbarn mit Tritten zu attackieren, die im Zaun landen. Wer eine südafrikanische Straußenfarm besucht hat, wird das enervierende helle Scheppern der Abstandsdrähte immer in den Ohren haben.

Die Einfriedung eines Straußengeheges muss aus geeignetem Material bestehen und so verarbeitet oder angelegt sein, dass sie für die Strauße gut sichtbar ist und beim Anspringen keine Verletzungen hervorgerufen werden können. Sie muss ausreichend stabil und bei Kükenhaltung auch raubtiersicher sein.

Für die Einfriedung hat sich das sogenannte Forst- oder Wildgeflecht als besonders geeignet erwiesen, wobei der Außenzaun so angeschlagen werden muss, dass sich die kleinen Maschen zur Wildabwehr unten befinden. Bei Küken und Jungtieren (bis ca. 4. Monat) sollte dieser Zaun bis zum Boden reichen.

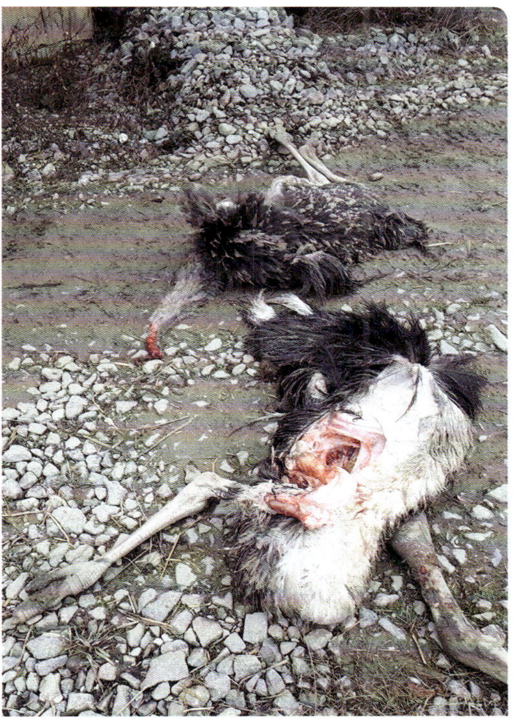

Jungtiere von Fuchsrüde getötet

Praxis-Tipp

Immer wieder kommt es auf europäischen Straußenfarmen bei Küken und Jungtieren bis etwa zum 5. Lebensmonat zu Verlusten durch Fressfeinde. Verdächtigt wurden gerade in östlichen Ländern wie Rumänien, Ungarn und Polen, aber auch in Österreich und Bayern wieder angesiedelte Wölfe. In allen bekannten Fällen waren aber Fuchsrüden die „Täter". Ein entsprechend engmaschiger Außenzaun, der zusätzlich auch durch Elektrozaunelemente gesichert werden kann, ist daher sicher keine Fehlinvestition.

Strauße schätzen wie Nandus und Emus ein Wasserbad, selbst bei Temperaturen um den Gefrierpunkt, und sind gute, ausdauernde Schwimmer. Wassergräben, die im ursprünglichen Bundesgutachten über die Mindestanforderung zur Haltung von Straußenvögeln als Alternative zu einer festen Umzäunung genannt werden, sind daher völlig ungeeignet. Dies gilt auch für Elektrozäune, die wegen der isolierenden Befiederung und der dicken Körperhaut keine Wirkung erzielen. Sie dürfen daher ebenso wenig verwendet werden wie Stacheldraht, der schwere Verletzungen verursachen kann.

Todesfalle Zauntor: Zuchthenne hat sich den Hals aufgerissen

Praxis-Tipp

Die Zaunmaschen müssen immer wesentlich größer sein als ein Straußenkopf, da die sehr neugierigen Tiere ihren Kopf im unteren Zaunbereich durch jede Öffnung zwängen. Bei zu engen Maschen können sie ihn aber nicht mehr zurückziehen und geraten dann in Panik. Dies kann letztlich dazu führen, dass sich die Tiere strangulieren oder den Kopf abreißen.

Praxis-Tipp

Ab dem 5. Monat, vor allem aber bei geschlechtsreifen Tieren, sollte der Innenzaun je nach Tiergröße bis zu 60 cm über dem Boden enden. Dadurch wird vermieden, dass sich die Tiere bei Rangkämpfen oder Drohgebärden den Nachbarn gegenüber im Zaun verfangen. Außerdem kann die Öffnung dem Farmer bei aggressivem Verhalten der Strauße als „Notausgang“ dienen.

„Notausstieg“ für Halter, keine Fußangel für die Tiere

Feh investition: ein einfacher Unterstand wäre besser und billiger

Praxis-Tipp

Wichtig ist auch, dass der Gehegezaun, beispielsweise durch das Einflechten von Latten oder Reisig, gut sichtbar und nicht zu straff gespannt ist. Eine gewisse Flexibilität verhindert bei Kämpfen oder Panik Verletzungen der Tiere. Daraus ergibt sich auch, dass Zaunpfosten nicht zu eng stehen sollten. artgerecht e. V., der Berufsverband Deutsche Straußenzucht, empfiehlt einen Pfostenabstand von 5 m.

Stall/Unterstand

In den ersten Ausgaben des deutschen Gutachtens „Mindestanforderungen an die Haltung von Straußenvögeln“ wurden große Stallflächen vorgeschrieben, die im Winter beheizt werden sollten. Dabei hat schon Carl Hagenbeck, Begründer des berühmten Tierparks Hagenbeck und erster kommerzieller Straußenfarmer Deutschlands, in seinen Aufzeichnungen Anfang des 20. Jahrhunderts darauf hingewiesen, dass Stallheizung für Strauße ebenso schädlich ist wie für Pferde, von denen eigentlich bekannt sein sollte, dass sie nicht vom beheizten Stall auf die eiskalte Weide dürfen, da sie sonst mit hoher Wahrscheinlichkeit an einer Lungenentzündung erkranken.

In der Anfangszeit seiner Straußenhaltung verlor Carl Hagenbeck viele Strauße, weil er sie zum Schutz vor winterlicher Kälte in beheizte Ställe gesperrt hatte. Als er aber die Ställe nicht mehr beheizte und die Stalltüren selbst bei Eis und Schnee immer geöffnet hielt, starb kein weiteres Tier. Dennoch hält sich auch heute noch die Ansicht, dass Strauße im nasskalten deutschen Winter leiden, wenn sie nicht im beheizten Stall stehen.

Dies hat auch die praktische Erfahrung der Straußenhalter in Mittel-, Ost- und Nordeuropa bestätigt: Ein Tier, das ursprünglich aus dem Extremklima Zentralasiens stammt und während der bisher letzten Eiszeit auch in Mitteleuropa heimisch war, benötigt auch bei Temperaturen um −20 °C keine Heizung, daher werden die Ställe in den europäischen Betrieben auch nicht beheizt. Die von Kritikern der landwirtschaftlichen Straußenhaltung in Europa immer wieder angeführten „klimabedingten Erkrankungen" sind dennoch nicht aufgetreten.

Viel wichtiger als die häufig von Unwissenheit und Vermutungen geprägte Debatte um die Klimaverträglichkeit des Straußes ist die grundsätzliche Frage, ob Strauße über einen kürzeren oder längeren Zeitraum im Stall gehalten werden können. In der Vergangenheit stand diese Frage nicht zur Diskussion: Strauße – so das deutsche Mindestgutachten und die Halteempfehlung des Europarates – dürfen nur bei außergewöhnlichen Bedingungen drei Tage im Stall gehalten werden.

Das aus der traditionellen Nutztierhaltung übernommene Verständnis von „Stall" führt in Europa – auch in Deutschland – inzwischen aber dazu, dass einige Halter, die aus der traditionellen Tiermast kommen, sich für überwiegende Stallhaltung von Straußen starkmachen. Unterstützt werden sie von Funktionären der Geflügelwirtschaft, also den Vertretern der Massengeflügelhaltung.

Zum Komfortverhalten der Strauße gehört aber, dass sie ihr Futter während der hellen Tageszeit aufnehmen, indem sie zupfend langsam über die Weide ziehen. Daher muss ständige Weidehaltung Grundsatz der Straußenhaltung sein, zumal eine Haltung unter Dach die Vitamin D-Synthese verhindert und damit tierschutzwidrig ist. Eine überwiegende Haltung unter Dach oder reine Stallhaltung sind demnach nicht zulässig.

Hintergrund-Info

Strauße zählen mit einem Zuwachs von bis zu 10 cm Rückenhöhe/Woche in der stärksten Wachstumsphase zu den am schnellsten wachsenden Tieren. Dazu kommt, dass die Straußenhenne Kalk für ihre Eier in den Knochen ihrer Läufe einlagert und bei Bedarf abruft. Dies alles funktioniert aber nur dann, wenn der Körper – wie bei uns Menschen – über Augen und Haut natürliches UV-Licht aufnehmen und damit Vitamin D_3 bilden kann. Nur dann ist der ordnungsgemäße Stoffwechsel von Phosphor und Calcium gewährleistet, ohne den es zu massiven Schäden im Skelettbau kommt. Eine mögliche Folge: Glasknochen, die bereits bei mäßiger Belastung brechen – das Todesurteil für einen Strauß!

Daraus ergibt sich: Ställe, wie in der traditionellen Tierhaltung üblich, sind für die Haltung von Straußen nicht erforderlich. Nur bei der Kükenaufzucht bis etwa Ende des 1. Lebensmonats werden feste, beheizbare Gebäude benötigt, die aber einen direkten Zugang zur Weide schon ab dem 3. Lebenstag ermöglichen müssen. Spätestens ab dem 3. Monat sollten Strauße auch unter mitteleuropäischen Klimabedingungen in Gehegen mit ständig zugänglichem Unterstand gehalten werden, der Schutz vor extremen Witterungsbedingungen bietet, und in dem auch Ergänzungsfutter und Wasser vorhanden ist.

Im Gegensatz zu einer Stallheizung ist Sonnenschutz wie in Afrika auch in Europa unerlässlich. Entgegen der landläufigen Meinung, Strauße bevorzugen ein heißes Klima, fühlen sich die Tiere zwischen 10 und 20 °C am wohlsten. Bei Temperaturen über 25 °C zeigen Strauße in mitteleuropäischen Betrieben deutliche Symptome von Hitzestress. Steigt das Thermometer an mehreren Tagen hintereinander über 30 °C, wird die Balz- und Legetätigkeit eingestellt.

Neben sommerlicher Hitze ist von allen Witterungserscheinungen auch starker, kalter Wind dem Wohlbefinden der Strauße abträglich, daher muss der Unterstand groß genug sein, damit darin alle Tiere gleichzeitig Platz finden. Er muss so platziert werden, dass der ständig offene Zugang, der direkt zur Weide zeigen muss, auf der überwiegend windabgewandten Seite liegt.

In Regionen mit häufiger Windbelastung muss Straußen darüber hinaus durch Anpflanzen dichter Hecken oder das Anlegen von Bodenwellen natürlicher Windschutz gewährt werden. Wo dies nicht möglich ist, sollten Strauße nicht gehalten werden.

Nie Sonnenlicht: „Zucht"-Strauße in Stallhaltung

Schattendach in Afrika: Junge Strauße suchen Sonnenschutz

Der Unterstand muss verschließbar sein, um Strauße bei extremen Witterungsverhältnissen oder bei dringenden Arbeiten im Gehege kurzfristig einsperren zu können. Lediglich im Fall einer Erkrankung/Verletzung darf ein Strauß so lange auch einzeln eingesperrt werden, bis seine Gesundung den Aufenthalt auf der Weide zulässt.

Es sind Vorkehrungen zu treffen, damit unverträgliche oder kranke sowie fremde Strauße zum Eingewöhnen im Bedarfsfall unverzüglich einzeln gehalten werden können.

Die Unterstände müssen hell, gut durchlüftet und zugfrei sein. Sie sollten innen so hoch sein, dass die Kopffreiheit des aufgerichteten Tieres im gesamten Unterstand mindestens 30 cm beträgt. Bei Jungstraußen oder Straußenküken bis zu einer Größe von 1,50 m darf die Höhe 2 m nicht unterschreiten.

Die Unterstände müssen mit Futterkrippen und Tränkeinrichtungen ausgerüstet sein. Die Futterkrippen legt man so aus, dass alle Tiere gleichzeitig fressen können.

Der Boden muss trocken, rutschfest und trittsicher sein.

Bei der Frage, wie groß ein Unterstand sein muss bzw. wie das Verhältnis Unterstandfläche/Tier gestaltet sein muss, gilt zu beachten: Zu große „Stall"flächen bedeuten für Küken und Jungtiere, die bis Ende des 4. Lebensmonats nachts zum Schutz vor Fressfeinden im verschlossenen Unterstand gehalten werden, eine tödliche Gefahr (vgl. auch „Jungtieraufzucht"). Die Tiere können durch Kleinigkeiten so in Panik geraten, dass die ganze Gruppe wie eine Welle immer von einer Seite zur anderen rennt. Dies kann so lange anhalten, bis nur noch vereinzelte Tiere auf den Beinen sind.

Bei älteren Tieren (ab etwa dem 9. Monat) provozieren große Flächen immer wieder Rivalität und Rangkämpfe. Wird das unterlegene Tier in eine Ecke abgedrängt, hat es keine Chance zu entkommen. Schwerste Verletzungen sind nicht auszuschließen.

Unterstände mit reduzierter Fläche werden von den Tieren dagegen als sicherer Platz wahrgenommen. Bei Auseinandersetzungen zwischen Hahn und Henne ist häufig zu beobachten, dass die Henne in den Unterstand flieht, während der aggressive Hahn ihr nicht folgt oder aber im Unterstand nicht weiter attackiert.

Die praktische Erfahrung der vergangenen 25 Jahre hat gezeigt, dass für die Haltung von Straußen ab dem 3. Monat einheitliche Unterstände bzw. Unterstandabteile mit einer Nettofläche von 24 m^2 bei unterschiedlicher Besatzdichte den Bedürfnissen und Eigenheiten von Straußen besonders gerecht werden. Zu Zwischenfällen oder einer Beeinträchtigung des Tierwohls ist es bei der genannten Fläche und dem jeweiligen Besatz, im Gegensatz zu früheren, größeren Flächenangeboten, nie gekommen. Obwohl sich beim Füttern jeweils alle Tiere im Unterstand aufhalten, haben sie viel Platz und können sich ungehindert bewegen und auch absetzen. Alttiere nutzen den Unterstand z. T. auch für die Eiablage und als Nistplatz.

Aus der langjährigen praktischen Erfahrung empfiehlt sich daher eine Nettofläche von 24 m^2 für folgende Tierbesätze:

- bis zu 5 Alt- bzw. Zuchttiere,
- bis zu 10 Jungtiere ab dem 5./6. Monat bzw. Jährlinge,
- bis zu 15 Jungtiere bis zum 4./5. Monat.

Für Küken wichtig: enger Kontakt im sicheren Stall

Praxis-Tipp

Die hier genannten Flächen und Besatzzahlen werden zwar dem Komfortbedürfnis von Straußen gerecht und erfüllen damit die wichtigste Voraussetzung für das Wohl der Tiere, sie stehen aber möglicherweise im Widerspruch zu Angaben behördlicher Empfehlungen, Erlasse oder Gutachten über Mindestanforderungen. Ist dies der Fall, haben natürlich die behördlichen Vorgaben Vorrang. Es obliegt aber dem Halter, sich für eine tierschutzgerechte Haltung einzusetzen, auch wenn amtliche Vorgaben, denen meist eine politische Diskussion zugrunde liegt, etwas anderes fordern. Sie dürfen nie vergessen: Zumindest in Deutschland ist Tierschutz als Staatsziel im Grundgesetz verankert!

Grundsätzlich muss bei der Planung eines Unterstandes bedacht werden:

- Der Unterstand muss immer so groß sein, dass sich alle Tiere einer Gruppe gleichzeitig darin aufhalten und bewegen können. Er muss so viele Futterplätze anbieten, um ein gleichzeitiges Fressen aller Tiere zu garantieren.
- Er muss so platziert werden, dass ein direkter Zugang zur und von der Weide jederzeit ohne Passieren eines Verbindungsganges möglich ist.
- Er muss gut belüftet, aber zugfrei sein.
- Er muss ausreichende Kopffreiheit gewährleisten – als Faustregel gilt: lichte Höhe mindestens 30 cm höher als das voll aufgerichtete größte Tier der Gruppe.
- Er muss hell sein. Großzügiger Tageslichteinfall fördert nicht nur das Wohlbefinden der Tiere, sondern auch die Akzeptanz des Unterstan-

25 m² für zehn Jährlinge: ausreichend Futterplatz und Schutzraum

des. Fensterlose oder sehr dunkle Unterstände sind für die Straußenhaltung und -aufzucht nicht geeignet.
- Der Boden muss rutschfest und trocken sein.
- Unterteilungen in einem großen Stall bzw. Unterstand müssen so stabil sein, dass sie auch kämpfenden Tieren standhalten. Sie sollten ab dem 6. Monat mindestens 1,60 m hoch sein. Zu empfehlen sind mehrere, in einem Abstand von ca. 30 cm horizontal übereinander angebrachte Rundhölzer mit einem Durchmesser von mindestens 12 cm. Zuchttiere unterschiedlicher Gruppen sollten keinen Sichtkontakt haben!

Praxis-Tipp

Nur bedingt bewährt haben sich Fütterungsgitter, vor denen die Futtertröge in einem Versorgungsgang stehen. Vielmehr empfiehlt es sich, die Abtrennung zum Mittelgang in einer Höhe anzusetzen, die es ermöglicht, Futtergefäße darunter hindurch in das jeweilige Abteil des Unterstandes zu schieben. Ein Aufschütten des Futters am Rand des Mittelgangs, wie es in der Rinderhaltung üblich ist, gefährdet die Gesundheit der Tiere, wenn nicht sofort gefressenes Futter längere Zeit zurückbleibt und sporig wird.

Will der Halter auf Fütterungsgitter nicht verzichten, muss der Abstand der einzelnen Gitterstäbe so groß sein, dass sich die Tiere mit dem Kopf nicht verfangen oder am Hals verletzen können, außerdem müssen die Kanten der Gitterstäbe abgerundet sein.

Funktional, aber gefährlich: nur höchste Hygiene verhindert Sporen

Quarantänestall

Eine klassische Quarantänehaltung von ca. 30 Tagen im Stall stellt für Strauße eine außerordentlich hohe Belastung dar. Daher sollten Strauße jeden Alters aus Staaten, für die eine Quarantäne vorgeschrieben ist, nicht eingeführt werden. Lediglich der Import von Bruteiern ist nicht zu beanstanden, sofern eine Bebrütung unter Quarantänebedingungen möglich ist.

Aus Gründen der Bestandshygiene muss aber von Haltungen, die Strauße aus nicht quarantänepflichtigen Staaten, der Europäischen Union oder dem Inland zukaufen, ein Gehege entsprechender Größe vorgehalten werden, in dem auch ein Unterstand vorhanden sein muss. Ein klassischer Quarantänestall aber, der eine völlige Absonderung der Tiere im geschlossenen Raum ermöglicht, ist – da tierschutzwidrig – nicht erforderlich.

7 Straußenei und Brut

Legeleistung

Eine Straußenhenne ist in der Lage, jeden zweiten Tag ein Ei zu legen. Allerdings beschränkt sich diese Fähigkeit bei der Henne, die in ihrer natürlichen Umgebung in ein Naturnest legt, auf einen eng begrenzten Zeitraum. Ist das Nest gefüllt, wird der Brutinstinkt geweckt und damit der Eisprung beendet. Die Legeleistung beschränkt sich auf etwa 12–18 Eier.

In Farmhaltung werden die frisch gelegten Eier normalerweise eingesammelt, um die Henne zu weiterem Legen zu animieren. Da die Eibildung aber eine erhebliche physische Leistung erfordert und stark in den Mineral- und Vitaminhaushalt der Henne eingreift, beendet die Henne die Legephase nach einiger Zeit, um dann nach einer Regenerationspause erneut mit der Eiablage zu beginnen. Dabei orientiert sich das Tier auch an Umgebungsbedingungen, wie z. B. eine Regenperiode, die die Chancen auf einen Bruterfolg im Naturnest verschlechtern würden.

Auch Hitze hat negative Auswirkungen auf die Legefähigkeit. Hohe Temperaturen bedeuten für Strauße wie für viele Menschen eine erhebliche körperliche Belastung. Eine zusätzliche Leistung ist unter diesen Umständen nicht oder nur schwer verkraftbar, sodass die Straußenhenne nicht weiter legt. Im südlichen Afrika liegt die kritische Temperatur bei ca. 35 °C während eines längeren Zeitraums, wie sie im Februar zu erwarten ist. Im gemäßigten Klima Mitteleuropas schränken

Schwere „Geburt“: Eine Henne muss sich in Perioden jeden zweiten Tag quälen

Eier auch ohne Hahn: Hennen für die Produktion von Speiseeiern

dauerhafte Temperaturen ab ca. 30 °C die Legefähigkeit weitgehend ein.

In Farmhaltung legen Straußenhennen zwischen 30 und 60 Eier, teilweise auch darüber. In der Vergangenheit wurde vor allem in Namibia versucht, die Eizahlen durch optimierte Fütterung so weit wie möglich zu steigern und die Legepausen so gering wie möglich zu halten. Dies führte wegen der dauerhaften physischen Überlastung dazu, dass die Hennen nach 3–5 Jahren nicht mehr oder kaum noch legefähig waren.

Praxis-Tipp

In der heutigen Straußenhaltung wird Wert auf eine Begrenzung der Legeleistung/Jahr auf maximal 50–60 Eier gelegt. Dadurch wird die Legefähigkeit bis zu 25 Jahren erhalten. Abgesehen vom wichtigen Aspekt der Wirtschaftlichkeit, die durch eine konstante Legeleistung über viele Jahre hinweg natürlich erheblich verbessert wird, ist dies auch eine grundlegende Frage der ethischen Verpflichtung eines Straußenhalters, seine Tiere nicht auszubeuten.

Eibildung

Die Eibildung dauert beim Strauß etwa 48 Stunden, also fast doppelt so lang wie beim Huhn. Der Eisprung wird durch einen lichtgesteuerten hormonellen Reiz ausgelöst, und zwar unabhängig davon, ob ein männliches Tier anwesend ist oder nicht.

Nachdem der Dotter auf hormonellen Reiz hin vom Ovar abgegeben ist, fängt ihn der Eileitertrichter auf und leitet ihn in den Eileiter. Bei der Passage des Eileiters werden dem sich unter Rotation vorwärtsbewegenden Dotter vier Eiklarschichten aufgelagert. Die erste Schicht ist fest und bildet die Hagelschnüre. Sie sollen den Dotter später in der Mitte des Eies festhalten und bewirken, dass der frühe Embryo immer oben auf dem Dotter schwimmt. Schon nach ca. 20 % der zur Verfügung stehenden Zeit gelangt das Ei in den Eihalter. Hier wird durch Auflagerung von Kalkkristallen auf die Schalenhaut die eigentliche Schale gebildet. Dieser Vorgang benötigt etwa 80 % der Eibildungszeit.

Die Eiablage erfolgt unter Ausstülpen der Vagina durch die Kloake. Dabei wird die Kutikula aufgelagert, eine Schleimschicht, die das Ei schützend umhüllt und nach der Eiablage antrocknet. Ein direkter Kontakt zwischen Ei und Kloake findet nicht statt.

Das Straußenei

Das Straußenei wiegt etwa 1500 g, wobei die Spanne von 600 g bis weit über 2 kg reicht. Es hat eine Länge von 15–16 cm und eine Breite von 12–13 cm. Dotter und Schale wiegen je um 300 g, das Eiklar um 900 g. Damit liegen Schalen- und Dotteranteil bei jeweils 20 % und der Anteil des Eiklars bei 60 %. Ein 1500 g schweres Straußenei liefert etwa 960 g Wasser, 128 g Protein, 100 g Fett, 14 g Mineralstoffe und 6 g Cholesterin. Bei den klassischen Geflügelarten liegt der Cholesteringehalt des Dotters geringfügig höher.

Praxis-Tipp

Die Inhaltsstoffe des Straußeneies hängen stark von der Fütterung der Hennen ab. Mangelhafte Ernährung der Henne führt zwangsläufig auch zu einer mangelhaften Versorgung des Embryos im Ei. Eine Unterversorgung der Henne, also ein Mangel an Vitaminen und Mineralstoffen, kann nur durch eine durchgängig ausgewogene und bedarfsgerechte Fütterung vermieden werden. Wer glaubt, er könne seine Elterntiere während der Legepause mit minderwertigem Futter „erhalten", gefährdet den Erfolg der nächsten Brutsaison und hat dann am falschen Ende gespart.

In 30 Hühnereiern ist so viel Inhalt wie in einem Straußenei. Zum Vergleich rechts unten Wachteleier.

Naturbrut

Der Beginn der Brutperiode hängt in der natürlichen Umgebung der Strauße stark vom Nahrungsangebot ab. Die Hauptbrutzeit in Südafrika liegt zwischen September und Februar. Wild lebende Strauße brüten aber auch in anderen Jahreszeiten, wenn der Brutinstinkt während der eigentlichen Brutperiode nicht befriedigt werden konnte, weil beispielsweise das Nest von einer Büffelherde zerstört wurde. In Europa fällt die Brutzeit dagegen in die Zeit zwischen Februar und September, doch können auch hier außerhalb der eigentlichen Brutzeit Eier anfallen.

Das Nest hat einen Durchmesser von ca. 1,50–1,80 m und eine Tiefe von 20–30 cm. Der Hahn scharrt eine flache Mulde in den Sand, in die jede Henne etwa 10–12 Eier legt. So entstehen Nester von 20–30, mitunter sogar mehr als 50 Eiern. Die Henne bebrütet jedoch nur etwa 20 davon, dabei werden die Eier der Haupthenne durch Ablage im Nestzentrum bevorzugt.

Nachdem das Nest bis zu zwei Wochen lang mit Eiern gefüllt wurde, beginnt die Familie mit der Brut. Der schwarz befiederte Hahn brütet nachts, die Hennen am Tag. Dabei verrichtet der Hahn etwa 60 % der gesamten Brutarbeit. Die Verluste durch ungleichmäßiges Bebrüten und Fressfeinde sind hoch. Die Eier sind zwar relativ unempfindlich gegenüber Temperaturschwankungen, doch müssen sie am Tag vor direkter Sonneneinstrahlung geschützt werden. Die Bebrütungsdauer liegt bei 42 Tagen. Die Befruchtungsraten werden mit 25–100 % angegeben, die Schlupfquote in Ostafrika beträgt etwa 30–40 %.

Naturbrut ist auch unter mitteleuropäischen Klimabedingungen möglich. Viele Farmen in Deutschland, Österreich und der Schweiz beenden ihre Legesaison, indem sie die Tiere selbst brüten lassen. Denn – wie alle Vögel – legen auch Strauße nicht mehr, wenn sie brüten.

Eine derartige Steuerung der Legezeit hat mehrere Vorteile: Zum einen wird die Henne geschont, für die das Legen eine enorme physische

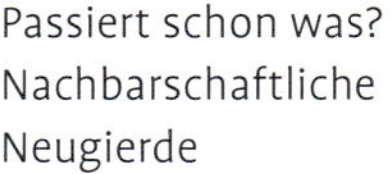

Passiert schon was? Nachbarschaftliche Neugierde

Leistung darstellt, zum Zweiten sichert eine gezielte Reduzierung der potenziellen Legeleistung auf ca. 40–50 Eier deren Qualität. Nur ein gut mit Vitaminen und Spurenelementen versorgtes Ei verspricht auch einen erfolgreichen Schlupf. Zum Dritten wird die Kükensterblichkeit gesenkt, denn je später die Küken im Jahr schlüpfen, desto ungünstiger sind die Lebensbedingungen für die ganz Kleinen.

Die Temperaturübertragung erfolgt bei Naturbrut durch direkte Wärmeleitung (Hautkontakt am Brutfleck), hier herrscht eine Temperatur von ca. 38 °C. An der Oberseite des Eis beträgt die Temperatur ca. 37°, in der Eimitte etwa 33° und an der Eiunterseite noch 31 °C, dennoch wird eine gleichmäßige Bebrütung erreicht, da Hennen und Hahn bei jedem Brutwechsel rollen und auch neu sortieren. Dabei darf das Nest aber nicht zu lang direkter Sonneneinstrahlung ausgesetzt sein, da Temperaturen von 42–45 °C für den Embryo bereits tödlich sind.

Hintergrund-Info

Die Naturbrut wird in südafrikanischen Farmen häufig mit sogenannten „A-Frames" unterstützt, zeltförmigen Überdachungen aus Holz und Schilf bzw. Stroh mit einer Höhe, Breite und Tiefe von jeweils mindestens 3 m, damit sind die Eier im Nest zuverlässig vor Überhitzung durch das Sonnenlicht geschützt.

Nistplatz A-Frame: in Deutschland Sonnen- und auch Schneeschutz

In Europa werden „A-Frames" oft falsch als Regenschutz verstanden. Daher fordern Genehmigungsbehörden häufig Überdachungen von Sandbädern und Nistplätzen. Tatsächlich baden Strauße aber nur bei trockener Luft und Umgebung im Sand, nicht aber bei hoher Luftfeuchtigkeit, wie sie an Regentagen überall auf der Welt üblich ist, und Strauße können ihre Eier auch bei enormen Niederschlägen ohne schützendes Dach erfolgreich bebrüten.

Naturbrut auch im Schmuddelsommer
Strauße trotz Regenrekords und Hagel mit eigenem Nachwuchs erfolgreich

„Gewitter, Hagel, Regen, Schauer“: Eintönig lesen sich die Aufzeichnungen vom Sommer 2000 im Wetterbuch der Straußenfarm Mhou. Doch während die Farmer schimpften, trugen es die Strauße mit Gleichmut: Sogar unter diesen Wetterverhältnissen hatten alle Legefamilien, die ihre Eier behalten durften, Erfolg mit Naturbrut – egal, ob im Freinest oder überdacht, ob früh oder spät in der Saison. Hahn „Carlos“ und Henne „Lucie“ wurden als Erste Eltern. Uschi Braun hat die Familie beobachtet:

Hahn Carlos wollte Nachwuchs, das war offensichtlich. Er war im wahrsten Sinn des Wortes die treibende Kraft: Er buddelte ein Nest, und als hätte er geahnt, dass der Sommer seinen Namen nicht verdienen würde, wählte er dafür einen Platz im Stall. Mit einladendem Flügelflattern lockte er seine Henne an die frisch geschabte Bodenmulde, und war sie nicht willig, so brauchte er Gewalt. Mit Nachdruck und Tritten trieb er sie so lange, bis Lucie schließlich nachgab: Neun Eier legte sie in 18 Tagen in das Nest.

Jedes Einzelne begrüßte der Hahn, rollte es mit dem Schnabel hin und her, und mit heftigem Flügelflattern spornte er Lucie zu weiteren Leistungen an. Kaum war Ei Nummer neun angekommen, setzte Carlos sich zum Brüten nieder. Den Termin strichen die Farmer im Kalender rot an. Tatsächlich, als sie sechs Wochen später gespannt nachschauten, waren fünf Küken gerade geschlüpft,

am nächsten Morgen, am 13. Juni, war die Familie komplett. Neun Eier, neun Kinder: Lucie und Carlos hatten ganze Arbeit geleistet, die Henne am Tage, der Hahn in der Nacht.

Auch jetzt waren beide gleichermaßen gefordert. Carlos führte und betreute die Kleinen auf ihren ersten Ausflügen, auf einen langsamen Schritt von ihm folgten fünfzehn hektische der Küken, und Lucie vertrieb derweil vermeintliche Feinde. Mit Fauchen und wildem Flügelrudern stürzte sie sich räuberischen Krähen entgegen und drohte den Straußen auf den Nachbarweiden. Artgenossen wurden als Bedrohung angesehen, die Farmer dagegen durften sich inmitten der Familie aufhalten und die Küken sogar streicheln.

„Eitel Sonnenschein“ hatten die Kleinen nur während ihrer ersten neun Lebenstage, dann schlug das Wetter um, der Himmel tobte über ihnen seine Launen aus. Zehn Liter Regen fielen allein in einer Nacht, als die Küken gerade zwei Wochen alt waren, zwanzig Liter in einer Nacht 14 Tage später. Tage- und nächtelang gab es Gewitter, teilweise sogar mit starkem Hagel, doch wann immer die Farmer besorgt nachschauten, hielt die Familie sich im Freien auf, sie hatte das Nest verlassen und damit auch den Schutz des Stalls. Nur in den ersten Wochen krochen die Kleinen noch bei den Eltern unter, und von früh bis spät war die Familie auf den Beinen, selbst bei Regen rupften die Küken unbeirrt und heftig oft bis zehn Uhr abends Gras und Klee.

Nichts, so schien es, konnte diese Straußenkinder erschüttern. Sie bekamen stämmige Beine, einen starken Körper, zeigten sich ausnahmslos gut gelaunt, lebhaft und aufmerksam, und im Alter von zwei Monaten, am 14. August, schauten sie wie ihre Eltern neugierig auf die Nachbarweide. Dort nämlich schlüpften an diesem Tag in einem Freinest die nächsten Naturbrutküken, über das sich während der sechswöchigen Brutzeit 214 l Regen ergossen hatte – sommerlicher Niederschlagsrekord.

Kunstbrut

Einsammeln und Lagern von Bruteiern

Bruteier müssen möglichst direkt eingesammelt werden, damit sie möglichst wenigen negativen Umwelteinflüssen wie Nässe oder Sonneneinstrahlung ausgesetzt sind. Ist ein Ei erst einmal gelegt, lässt sich die Qualität durch nichts mehr verbessern, nur verschlechtern. Je besser aber die Eiqualität und je geringer die negativen Umgebungsfaktoren, desto größer die Aussicht auf ein gesundes Küken.

Bei der Eiablage befinden sich die „Embryonen“ noch im Zellstadium. Hier machen sie eine natürliche Ruhephase durch, die erst ab einer Temperatur von 20–21 °C abgebrochen wird. Dadurch ist es möglich, Eier einige Tage anzusammeln, gekühlt zu lagern und dann gemeinsam zur gleichen Zeit auszubrüten (siehe „Brutpraxis“).

Tägliches Wenden der gelagerten Eier ein- oder zweimal pro Tag verhindert das Verkleben des Embryos (vgl. auch „Brutpraxis“). Nach der langjährigen Erfahrung südafrikanischer Farmer wirkt sich eine mindestens dreitägige Lagerung der Eier vor Brutbeginn günstig auf die Schlupfrate aus, jedoch sollten Eier nicht länger als zehn Tage gelagert werden, bevor man sie in den Vorbrüter einlegt.

In der Kunst- oder Maschinenbrut übernimmt die Brutmaschine die Aufgabe von Hahn und Hennen und bebrütet die Eier bis kurz vor dem Schlupf. Danach werden die Eier in den sogenannten Hatcher (= Schlupfbrüter) umgelegt.

Es hat geklappt: Küken nach dem externen Pippen im Hatcher

Ab einer 15-tägigen Lagerung ist mit einer Verringerung der Schlupfquote von 45 % zu rechnen. Wurden die Eier transportiert, so muss eine erschütterungsfreie Ruhezeit von 24 Stunden eingehalten werden. Um einem Temperaturschock für die bei etwa 15° gelagerten Eier beim Einlegen in 36° vorzubeugen, sollten diese einige Stunden zuvor auf 20–24 °C angewärmt werden.

Bedingungen für die Kunstbrut

Die Kunstbrut dauert ebenso lange wie die Naturbrut, also etwa 42 Tage von Brutbeginn bis zum Schlupf. Während die Eier früher meist liegend bebrütet und rollend gewendet wurden, ist heute weltweit die stehende Bebrütung Standard. Die Wende der Eier erfolgt nicht mehr wie in der Naturbrut durch Rollen, sondern durch ein Kippen um jeweils 45° rechts und links der Vertikalachse.

Der Vorteil von stehendem Bebrüten und Kippwende ist wissenschaftlich zwar noch nicht untermauert, doch sprechen die Erfahrungen der Praktiker eindeutig für diese Variante: Die Zahl der Fehllagen – also der Küken, die nicht „schlupfgerecht“ im Ei liegen – hat sich deutlich verringert.

Die Bruttemperatur sollte während der Brut bei 36° bzw. leicht darüberliegen, bei der abschließenden Schlupfbrut bei ca. 35 °C, die relative Luftfeuchtigkeit ca. 25 % und bei der Schlupfbrut ca. 50 % betragen.

Die tatsächlichen Idealwerte können von Betrieb zu Betrieb jedoch ganz erheblich von diesen Angaben abweichen. Fragt man zehn bruterfahrene Farmer nach ihren Idealbedingungen, wird man zwölf unterschiedliche Angaben erhalten.

Wesentlich ist, dass während der Brut durch eine gute Umströmung des Eies mit warmer, trockener und dennoch sauerstoffreicher Luft aus-

Richtwerte für Kunstbrut

	Brut	Schlupfbrut
Zeit	Tag 1–39	ab Tag 40
Temperatur	ca. 36 °C	ca. 35 °C
Wende	4–8/Tag	keine
Rel. Luftfeuchte	20–30 %	40–70 %
Ventilation	10 m³/Tag bzw. mehr	
Gewichtskontrolle	Tag 1 – danach wöchentlich	
Schieren	ab Tag 9 (Befruchtung)	ab Tag 36 (Pippen)

reichend Feuchtigkeit von der Eioberfläche mitgenommen wird. Nur dann kann sich bis zum Schlupf eine ausreichend große Luftkammer entwickeln.

Schlupf

Der Schlupf eines Straußenkükens ist ein Wunder der Natur. Während beispielsweise ein Hühnerküken das Ei beim Schlupf von innen aufpickt, fehlt dem Straußenküken der erforderliche Eizahn. Es muss die dicke Schale mit dem während der Schlupfphase stark vergrößerten Nackenmuskel *(M. complexus)* auf der einen Seite und der Beine auf der anderen aufdrücken. Spektakuläre Aufnahmen von Tierfilmern haben bewiesen, dass Hähne instinktiv wahrnehmen, wenn das Küken für diesen Kraftakt zu schwach ist, und dann aktive Schlupfhilfe leisten. Der Schlupf erfolgt um den 42. Tag.

Es lassen sich mehrere Schlupfphasen unterscheiden. Eine Orientierung des Embryos im Ei in Richtung Luftkammer beginnt bereits ab der zweiten Brutwoche. Die endgültige Schlupfposition wird aber erst um den 39./40. Tag eingenommen. Zu dieser Zeit setzt auch die Lungenatmung ein. Auslöser hierfür ist ein Anstieg der Kohlendioxidkonzentration im Ei. Das Küken durchbricht die Eihaut und gelangt mit dem Schnabel in die Luftkammer. Dieser Vorgang wird als Pippen (von engl. „pipping") oder Hämmern bezeichnet.

Von nun an verbleibt dem Küken etwa für 24 Stunden Sauerstoff. Innerhalb dieser Zeit muss es eine erste Öffnung in die Schale brechen, um nicht zu ersticken. Bei sehr dickschaligen Eiern oder bei fehlgelagerten Küken ist nach Ablauf dieser Zeit gegebenenfalls ein Luftloch erforderlich (siehe „Brutpraxis").

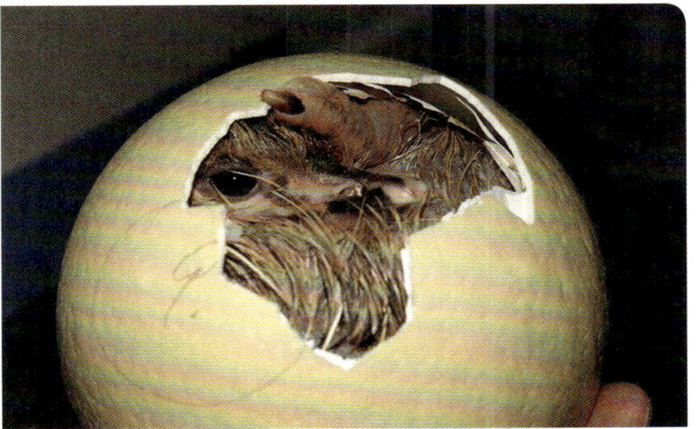

Keine Hilfe nötig: Küken hat die Schale gesprengt

Bruthygiene

Eine Brutanlage für Strauße kann man nicht mit einem Brutbetrieb der industriellen Geflügelproduktion vergleichen. Während in den Industrieanlagen nahezu steril gearbeitet werden muss, wäre eine vergleichbare Bruthygiene für Straußenküken wenig zielführend. Sie sollen 2–3 Tage nach dem Schlupf ins Freie und dann so schnell wie möglich auf die grüne Weide. Kämen sie aus einer nahezu sterilen Umgebung, wären sie den natürlichen Umgebungskeimen schutzlos ausgeliefert, da diese ihr Immunsystem überfordern würden. Dies bedeutet aber keineswegs, dass Bruthygiene in der Straußenhaltung keine Rolle spielt, denn der Bruterfolg hängt zum einen von der Qualität des Eis ab und zum anderen aber auch ganz wesentlich von den äußeren Einflüssen während des Brutprozesses. Diese werden vom Umgang mit dem Ei ab dem Zeitpunkt bestimmt, zu dem es gelegt wird.

Die Qualität eines Bruteies wird durch Alter, Gesundheitszustand und genetischem Potenzial der Elterntiere und auch die Schalenqualität bestimmt. Äußere Einflüsse beginnen mit dem Infektionsdruck im Nest, gehen weiter mit dem Zeitpunkt des Einsammelns der Eier über den Transport bis zu den Lagerbedingungen vor der Inkubation. Während der Bebrütung sind Bruttechnik, Sauberkeit, Temperatur, Luftfeuchtigkeit, Gasaustausch und Wenden der Eier die wesentlichen Kriterien.

Der Gehalt von Fett, Kohlenhydraten und Protein ist in jedem Brutei nahezu identisch. Die Versorgung mit Mineralstoffen und Vitaminen kann dagegen sehr stark variieren. Sterben Embryonen vermehrt ab, oder sind geschlüpfte Küken sehr lebensschwach, liegt eine mangelhafte Versorgung der Elterntiere mit Vitaminen bzw. Spurenelementen nahe.

Ungesunde und von Parasiten befallene Hennen geben weniger Antikörper auf das Ei weiter. Dies gilt auch für Tiere, die vor der Eiablage in ein neues Gehege gebracht wurden. Strauße benötigen nach einem Ortswechsel einige Wochen, um ihr Immunsystem den veränderten Verhältnissen anzupassen.

Es liegen noch keine Erkenntnisse über spezifische Erkrankungen vor, die, von der Henne auf das Ei übertragen, zu niedriger Schlupfrate oder höherer Kükensterblichkeit führen. Nur in Ausnahmefällen ist das Ei bei der Ablage nicht steril. Es empfiehlt sich, auch bei Straußen die gleichen strengen Richtlinien bezüglich Hygiene, Besucherverkehr und Zukauf von Tieren einzuhalten, wie sie bei anderen wertvollen Tierbeständen schon lange gefordert werden.

Die größten Verluste treten innerhalb der ersten acht Bebrütungstage sowie rund um den Schlupftermin auf. Aus diesem Grund ist es stets hilfreich, vollständige Aufzeichnungen über die bebrüteten Eier zu führen. Selten schlüpfen Küken aus Eiern, deren Schale bereits äußer-

Fehlbildung: von Sammlern ausgeblasen begehrt, zum Bebrüten ungeeignet

lich deutliche Abweichungen von der Norm aufweist. Die Fähigkeit, einen bestimmten Schalentyp mit charakteristischer Dicke, Porenanzahl und -verteilung zu bilden, ist genetisch festgelegt, dabei unterscheiden sich sowohl die verschiedenen Arten als auch einzelne Hennen. Abweichend davon führt ein Überangebot an Calcium zu dickeren, ein Mangel oder Störungen im Calcium-Phosphor-Verhältnis dagegen zu dünneren Schalen. Bei hohen Temperaturen kommt es infolge herabgesetzter niedrigerer Blutsauerstoffwerte ebenfalls zu einer Herabsetzung der Schalendicke.

Praxis-Tipp

Unregelmäßige Eischalen weisen in der Regel auf einen Ernährungsmangel, eine Infektion der Henne oder eine hohe Stressbelastung der Henne hin. Denkbar ist, dass die Eier in der Entwicklungsphase zu schnell, zu langsam, sogar rückwärts bewegt oder unvollständig gedreht wurden. Über Bauchhöhlenovulation bei Straußen – also einer Art „Bauchhöhlen-Schwangerschaft" – ist wenig bekannt. In der Praxis wird hin und wieder beobachtet, dass Hennen, die selten oder gar nicht gelegt haben und nach ihrem Tode geöffnet wurden, in der Bauchhöhle Eidotter aufwiesen.

Bruteinrichtung

Wie eine Brutanlage eingerichtet bzw. ausgestattet wird, ist bei den meisten Haltern in Europa in erster Linie eine Kosten- und keine Qualitätsfrage. Doch wer dauerhaft Erfolg mit dem Bebrüten haben will, muss investieren. Grundsätzlich sollten wegen der erheblichen „Schmutzbelastung" während des Schlupfes (Federflaum, Staub usw.) sowohl eine Brutmaschine als auch ein separater Schlupfbrüter vorhanden sein, und diese Geräte sollte man in verschiedenen Räumen unterbringen. Kombinationsgeräte (Brutmaschine und Schlupfbrüter in einem Gehäuse) sind zwar deutlich preisgünstiger, aber ausnahmslos die schlechteste Lösung!

In der Vergangenheit wurde häufig empfohlen, statt einer großen Brutmaschine mehrere kleine anzuschaffen, da dann die Gefahr einer bakteriellen Kontamination des gesamten Eibestandes reduziert wird. Dies ist zwar richtig, doch ist eine bakterielle Belastung, die Eier gefährdet, immer ein grundsätzliches Problem des gesamten Brutraums, nicht das einer einzelnen Brutmaschine. Wer sauber arbeitet und bakterienbelastete Eier durch regelmäßige Kontrolle sofort aussortiert, muss auch vor einer einzigen, entsprechend größeren Brutmaschine keine Bange haben, zumal viele Argumente für eine große Maschine sprechen.

Praxis-Tipp

Eine Grundvoraussetzung für einen erfolgreichen Brutprozess ist solide Hygiene im Brutraum. Fliegen und Mäuse sind potenzielle Überträger von Krankheiten und haben hier nichts zu suchen! Eine Desinfektionswanne am Eingang sowie ein Waschbecken mit Warmwasseranschluss gehören zur elementaren Grundausstattung jeder Brutanlage, außerdem sind saubere Kleidung, Einweghandschuhe und ein Wechsel der Schuhe vor Betreten des eigentlichen Brutraums selbstverständlich.

Im Brutraum müssen ausreichende Frischluftzufuhr und Ventilation gewährleistet sein. Grundsätzlich muss der Brutraum vor Beginn der Brutsaison gründlich gereinigt und desinfiziert werden. Dies gilt natürlich auch für die eigentliche Brutmaschine und die Luftfilter von Frischluftzufuhr und Klimatisierung, die gegebenenfalls erneuert werden sollten.

Praxis-Tipp

Die wirksamste Methode, Brutraum und Brutmaschine zu desinfizieren, ist die Begasung mit Formaldehyd. Das Verfahren ist allerdings nicht ungefährlich, denn Formaldehyd ist ein sehr aggressives Gas, das Augen und Atemwege stark reizt und außerdem als krebserregend gilt. Das Tragen einer Gasmaske mit speziellen Formaldehyd-Filtern sollte daher obligatorisch sein, außerdem benötigt der Halter einen speziellen Sachkundenachweis seiner Veterinärbehörde oder einer anderen Institution, die damit beauftragt ist.

In der Vergangenheit wurde Formaldehyd-Gas erzeugt, indem Kaliumpermanganat mit flüssigem Formalin übergossen wurde. Abgesehen davon, dass ein Halter durch den Erwerb größerer Mengen von Kaliumpermanganat heute wohl ins Blickfeld der Sicherheitsbehörden geraten dürfte, hat die frühere Methode einen gravierenden Nachteil: Kaliumpermanganat reagiert bei Kontakt mit Flüssigkeiten außerordentlich heftig. Daher sollte Paraformaldehyd verwendet werden, das auf einer Wärmequelle verdampft wird. Üblich sind Tabletten zu je einem Gramm, wobei für die Begasung pro Kubikmeter Raumvolumen 2–3 Tabletten ausreichen.

Begasung: Paraformaldehyd-Tabletten nie ohne Gasmaske einsetzen

Während der Saison wird der Brutraum nur feucht gereinigt und desinfiziert. Der Einsatz eines Staubsaugers ist nur dann unbedenklich, wenn er zuvor desinfiziert wurde und über unbenutzte, für Allergiker geeignete Filter verfügt. Luftfilter müssen auch während der Saison mehrfach gereinigt und desinfiziert werden.

Praxis-Tipp

Bei unsicherer Stromversorgung ist die Anschaffung eines Notstromaggregates zu erwägen. Damit der Halter in jedem Fall bei Stromausfall reagieren kann, ist die Installation eines elektronischen Warnsystems erforderlich, dass eine Störung per Mobiltelefon meldet.

Praxis-Tipp

Wie in der traditionellen Geflügelproduktion arbeiten professionelle Straußen-Brütereien nach dem „Einbahnstraßenprinzip“. Hier gibt es nur eine Verkehrsrichtung – also vom Eilager in Richtung Brutraum, weiter zum Schlupfraum, zur „Babystube“ und zum Kükenstall, immer vom sauberen Bereich zum weniger sauberen. Man kann sich zwar innerhalb eines Raumes beliebig bewegen, beim Betreten des nächsten Bereichs gibt es jedoch kein einfaches Zurück! Man betritt den Brutraum nach Passieren einer Desinfektionsstelle also wieder aus Richtung Eilager.

Brutmaschine

Es gibt eine Vielzahl von Anbietern für Brutmaschinen, doch nur wenige verfügen über Erfahrung mit der Bebrütung von Straußeneiern. Anfang 2017 gab es in Deutschland etwa 200 Straußenhaltungen, die meisten im Bereich der Hobby- und Kleinhaltung – für Hersteller von Brutmaschinen nicht unbedingt ein Anreiz, eine spezielle Brutmaschine für Straußeneier zu konstruieren. Nahezu alle Farmen setzen daher Geräte ein, die für die Bebrütung von Hühner-, Puten- oder Wachteleiern konstruiert und den besonderen Brutbedingungen von Straußeneiern angepasst wurden.

Wichtig ist vor allem eine exakte Einstellung und rasche Regulierung der Bruttemperatur. Diese sollte möglichst konstant sein und nicht mehr als 0,5 °C vom eingestellten Wert abweichen. Neben entsprechend genauen Messfühlern muss die Maschine daher über eine Heizleistung verfügen, die bei Temperaturabfall ein schnelles Nachheizen garantiert.

Professionelle Brutmaschine mit hoher Erfolgsquote

Vollgepackt: zu viele Eier = zu wenig Luftzirkulation = keine Küken

Praxis-Tipp

Achten Sie auf die Nennleistung einer Brutmaschine. 800 Watt sind bei einer Kapazität von bis zu 80 Eiern in der Regel deutlich zu wenig. Leider werden wegen steigender Stromkosten zunehmend Maschinen mit besonders energieschonender Arbeitsweise beworben, dies soll durch ein mehrfaches Umwälzen der bereits erwärmten Luft in der Maschine erreicht werden. Damit ist aber die ausreichende Sauerstoffversorgung der Embryonen infrage gestellt, außerdem ist die zunehmend mit Feuchtigkeit gesättigte Luft immer weniger in der Lage, weitere Feuchtigkeit aufzunehmen (siehe auch „Brutfehler und Brutprobleme – Relative Luftfeuchtigkeit").

Eine Brutmaschine muss auch in der Lage sein, die Innenluft zu kühlen. Gegen Ende der Brut steigt die Stoffwechselaktivität der Küken so stark an, dass die Eier überhitzen können. Besonders bei einer höheren Umgebungstemperatur kann sich eine Brutmaschine auch bei abgeschalteter Heizung eigenständig um 2 °C und mehr erwärmen. Nur ein schnelles Absenken der Temperatur auf den Normalwert verhindert dann eine Schädigung oder sogar das Absterben der Embryonen.

Neben ausreichender Heiz- und Kühlleistung muss eine Brutmaschine auch über eine gute, gleichmäßige Luftventilation verfügen. Idealerweise kann die Menge von Zu- und Abluft dem tatsächlichen Eibesatz der Brutmaschine angepasst werden, doch ist hier im Zweifel mehr immer besser als weniger: Bei der Bebrütung von Straußeneiern ist wegen einer deutlich höheren Aufnahme von Sauerstoff im Vergleich zu Hühnereiern mindestens die doppelte Menge an Frischluft nötig. Nur bei guter Ventilation können die **10 m³ Frischluft** in die Maschine gesaugt werden, die pro Ei und Tag **mindestens** benötigt werden.

Praxis-Tipp

Die Ventilation ist aber nicht nur wichtig, um ausreichend Sauerstoff in die Maschine zu befördern. Der Abtransport der Feuchtigkeit, die aus dem Ei durch die Schale dringt, und dort förmlich haftet, kann nur wirksam entfernt werden, wenn das Ei ständig und ungehindert von ausreichend Luft umströmt wird. Dies ist nicht möglich, wenn der Ventilator zu klein oder zu schwach ist. Daher eignen sich kleine Brutmaschinen, deren Innenraum aus Kostengründen mit einer möglichst hohen Eizahl ausgelastet wird, nicht für das Bebrüten von Straußeneiern.

Praxis-Tipp

Bei optimaler Umströmung der Bruteier wird von der Luft so viel Feuchtigkeit von der Oberfläche mitgenommen, dass selbst bei einer relativen Luftfeuchtigkeit weit oberhalb der Norm sehr gute Brutergebnisse erreicht werden. Dazu muss aber der pro Ei zur Verfügung stehende Innenraum der Brutmaschine so großzügig bemessen sein, dass keine Verwirbelungen das effektive Umströmen behindern. Luft verhält sich wie Wasser, das in einem Bach bei einem Hindernis oder ungünstigen Fließweg auch rückwärts strömen kann. Entsprechend „strömungsfreundlich" müssen daher auch Eihalter bzw. Eiwagen konstruiert sein.

Schließlich ist eine automatische Eiwende unbedingt erforderlich, die elektronisch gesteuert, individuell verändert und zumindest durch einen analogen Kontaktzähler überprüft werden kann. Elektronische Datenschreiber zur fortwährenden Kontrolle von Temperatur, Luftfeuchtigkeit und eventuell Kohlendioxidkonzentrationen sind bei professionellen Betrieben Standard.

Praxis-Tipp

Geräte, die starr an die Verhältnisse der Hühnerbrut angepasst sind und nicht den Bedürfnissen der Bebrütung von Straußeneiern angepasst werden können, sind tödlich für das Straußenküken.

Brutmaschinen müssen leicht zu reinigen und zu desinfizieren sein. Die beste Vorbereitung eines Bruteies ist vergebliche Mühe, wenn der Brutschrank verschmutzt oder durch Keime belastet ist. Da Holz weit schlechter zu reinigen und zu desinfizieren ist als Kunststoff oder Metall, wurde Holz schon vor langer Zeit aus Unternehmen verbannt, die Lebensmittel verarbeiten. Da der Brutvorgang für den Embryo ähnlich sensibel ist wie die Herstellung von Lebensmitteln für den Menschen, sollte auch hier Holz keine Rolle mehr spielen. Früher sprach für hölzerne Maschinen zwar, dass in ihnen im Gegensatz zu alten Kunststoff-

Eigenbau: kann funktionieren, muss aber nicht

geräten das Brutklima leichter optimiert werden konnte, doch hat sich das mit dem Einsatz von hochdämmenden Verbundwerkstoffen wie Sandwich-Elementen längst zugunsten von Kunststoff-Metall-Kombinationen geändert.

Lange umstritten war die Frage, ob Straußeneier stehend oder liegend bebrütet werden. Noch existieren keine einheitlichen Angaben, doch geben wissenschaftliche Untersuchungen (u. a. S. J. Stewart) Hinweise darauf, dass ein vertikales, also stehendes Bebrüten der Eier die Zahl der Fehllagen und auch der Sterblichkeit um den Schlupf nennenswert verringert. Allerdings treten Fehllagen auch bei stehender Bebrütung auf. Eindeutige Ursachen hierfür sind bisher jedoch noch nicht bekannt.

Brutfehler und Brutprobleme

Temperatur

Zu hohe Bruttemperatur stört die Bildung des Embryos, der vor allem in den ersten beiden Brutwochen sehr empfindlich ist. Temperaturen ab 42 °C führen zu Missbildungen oder zu raschem Absterben, bei zu niedrigen Bruttemperaturen verlängert sich die Brutdauer. Küken sind dann oft wie aufgeschwemmt und tun sich beim Schlupf häufig so schwer, dass sie Schlupfhilfe benötigen. Bei zu trockenem Bebrüten wird verstärkt Feuchtigkeit abgeführt, dadurch kann das Küken beim Schlupf an den Eihäuten festkleben.

Wenden

Das regelmäßige Wenden der Eier ist für die Diffusion von Nährstoffen zum Embryo und für den Abtransport von Abfallstoffen weg vom Embryo nötig. Seltenes Wenden führt zu schlechter Ernährung des Embryos, vermehrtem Auftreten von Fehllagen und ebenfalls zum Festkleben des Embryos an den Eihäuten. Wird das Ei in der Schlupfphase nicht rechtzeitig in den Schlupfbrüter umgesetzt, kann das Wenden der Brutmaschine in dieser Phase vermehrt zu Fehllagen führen, da sich das Küken dann nur schlecht in Richtung Luftkammer orientieren kann.

Lagerung beim Brüten

Der Luftkammerpol muss bei stehender Bebrütung immer nach oben gelagert werden, da sich das Küken sonst zur falschen Seite hin orientiert und beim Aktivieren des Lungenkreislaufs am 39.–40. Tag ersticken kann. Da der Luftkammerpol beim Straußenei meist nur geringfügig stumpfer und äußerlich kaum wahrnehmbar ist, muss die Lage der Luftkammer durch Durchleuchten des Eies festgestellt werden. Bei horizontaler Lagerung von Bruteiern kommt es vermehrt zu Fehllagen.

Relative Luftfeuchte

Während der gesamten Brutperiode werden dem Straußenei etwa 250 g Wasser entzogen, das sind rund 6 g/Tag. Allerdings geben Straußeneier ihre Feuchtigkeit aufgrund der dicken Eischale nur sehr lang-

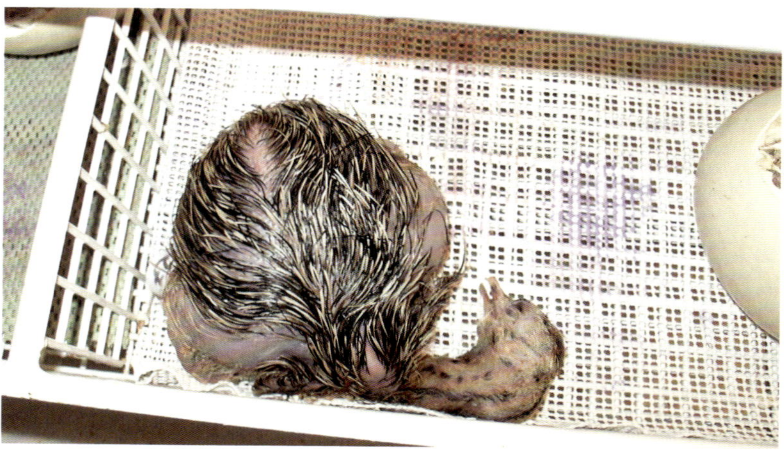

Zu feucht gebrütet: geschwächtes Küken mit Wasserödemen

sam ab, daher spielt die relative Luftfeuchtigkeit beim Bebrüten eine wesentliche Rolle. Sie sollte zwischen 20 und 30% liegen.

Zu hohe Luftfeuchtigkeit verhindert, dass ausreichend Wasser abgegeben wird und die Luftkammer zu klein bleibt. Von deren Größe hängt aber der Sauerstoffvorrat ab, der dem Küken nach Umstellung auf Lungenatmung bis zum Schupf zur Verfügung steht. Ist die Luftkammer zu klein, kann das Küken ersticken. Geschlüpfte Küken, die zu feucht bebrütet wurden, sind am gesamten Körper mit Ödemen aufgeschwemmt, besonders an Nacken und Beinen. Diese Küken sind oft lebensschwach und sterben vermehrt in der ersten Lebenswoche.

Eine Absenkung der Luftfeuchte erfolgt in erster Linie dadurch, dass die Luft im Brüter aufgeheizt wird und warme Luft besser Wasser binden kann als kalte – die relative Luftfeuchte in der Brutmaschine sinkt. Bei niedriger Umgebungstemperatur im Brutraum wird die absolute Luftfeuchte deutlicher abgesenkt als bei höherer Außentemperatur.

Hintergrund-Info

Herkömmliche Raumentfeuchter für Wohnräume erreichen nur eine Absenkung auf 45–50 % relative Luftfeuchte, daher würde sich eigentlich der Einsatz professioneller Entfeuchter empfehlen. Da diese aber unverhältnismäßig teuer sind, viel Energie verbrauchen und Abwärme erzeugen, die durch ein zusätzliches Abluftsystem ins Freie geleitet werden muss, wird die Raumluft in vielen Brütereien mit einem handelsüblichen Klimagerät gekühlt und gleichzeitig vorgetrocknet. Durch das Aufheizen der gekühlten Raumluft im Brutschrank wird dort dann, selbst bei sehr hoher Luftfeuchtigkeit, die gewünschte Trocknung sicher erreicht.

Praxis-Tipp

Ein sogenanntes Split-Gerät, bei dem das Kühlaggregat außerhalb des Raumes steht, ist bei gleicher Energieaufnahme und unwesentlich höheren Kosten deutlich leistungsstärker als ein Kompaktgerät. Grundsätzlich gilt, dass die Kühlleistung/Stunde das Zehnfache des Raumvolumens erreichen sollte. Bei einem Raum von 50 m^3 sollte die stündliche Kühlleistung also bei 500 m^3 liegen.

Die genaue Luftfeuchtigkeit wird mit einem Hygrometer gemessen. Die herkömmlichen Bimetall- oder Haargeräte sind hierfür allerdings ungeeignet, da sie zu ungenau arbeiten – zumal in dem Bereich, der für eine erfolgreiche Brut erforderlich ist. Wesentlich genauer arbeiten Verdunstungshygrometer, die aus zwei nebeneinanderstehenden Thermometern bestehen, von denen eines teilweise von einem feuchten Docht umhüllt ist. Der Docht verdunstet in geringen Mengen destilliertes Wasser, die dabei auftretende Verdunstungskälte senkt die Temperatur im Vergleich zur trockenen Säule ab. Vom Grad der Absenkung lässt sich die relative Luftfeuchtigkeit der Umgebung ablesen.

Praxis-Tipp

Es gibt preiswerte Kunststoff-Hygrometer speziell für die Vogelzucht, die sehr genaue Werte liefern und im Zoo-Fachhandel zu beziehen sind.

Die effektivste und beste Art, die Luftfeuchtigkeit festzustellen, ist die Ermittlung des vom Ei abgegebenen Wassers durch wöchentliches Wiegen. Da es je nach Unterart, ja sogar abhängig von der Henne, zu stark unterschiedlichem Wasserabgabeverhalten der Eier kommt (Porenverteilung und Größe, Eivolumen), kann so die optimale Luftfeuchtigkeit ermittelt und die Ventilation entsprechend eingestellt werden.

Genaues Messen muss nicht viel kosten: einfacher Brut-Hygrometer

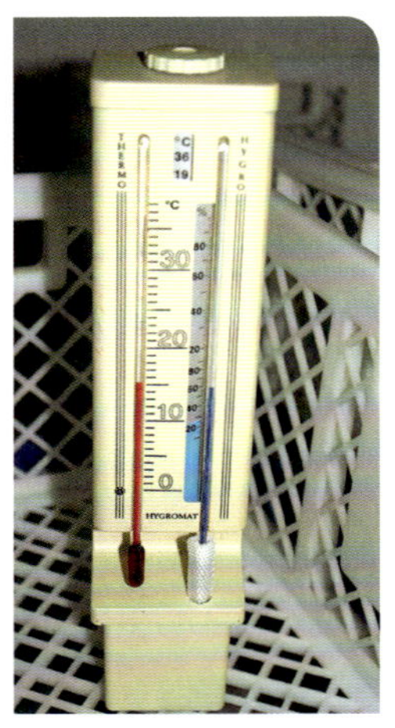

Ventilation

Zusammen mit der relativen Luftfeuchte ist die Ventilation – wie bereits erwähnt – verantwortlich für den Abtransport von Wasser aus den Eiern. Aber auch die Temperaturverteilung innerhalb des Brüters, die Sauerstoffverteilung, die Zu- bzw. Abfuhr von Sauerstoff sowie Kohlendioxid sind von der Ventilation abhängig. Eine ungenügende Ventilation führt zu Luftinseln um die Bruteier, die mit Wasser und Kohlendioxid gesättigt sind und zu geringe Sauerstoffgehalte aufweisen. Bei ungenügender Ventilation kann auch eine relative Luftfeuchte von 10 % an den Messpunkten die Feuchtigkeit an der Eioberfläche nicht ausreichend entfernen.

Schieren

Das Schieren kann zu Fehldiagnosen führen, wenn es zu früh durchgeführt wird. Je geringer die Erfahrung des Schierenden, desto später sollte die Brut für ein scheinbar unbefruchtetes Ei abgebrochen werden. Andererseits kann ein sich verflüssigender und abflachender Dotter um Tag 7–9 einen Embryo vortäuschen. Schiert man nach zwei Wochen, so ist man auf der sicheren Seite.

Schlupfprobleme

Schlupfprobleme können durch Fehllagen und Bebrütungsfehler bedingt sein. Folgende Fehllagen werden beim Strauß unterschieden:

- Kopf bauchwärts zwischen den Beinen: relativ selten – der Tod tritt 3–4 Tage vor dem Schlupftermin ein – bei horizontaler Bebrütung etwa 50 % häufiger als bei vertikaler.
- Orientierung zum spitzen Pol: häufigste Fehllage – besonders vitale Küken können die Eischale dennoch sprengen. In den meisten Fällen bedarf es aber der rechtzeitigen Hilfe durch den Menschen bzw. bei Naturbrut durch den Hahn – bei horizontaler Bebrütung etwa 150 % häufiger.
- Kopf auf linker Seite: sehr selten – Küken kann nur bei rechtzeitiger Schlupfhilfe gerettet werden – häufiger bei stehender Bebrütung.
- Orientierung zur Eiseite: relativ häufig – nur sehr vitale Küken können das Ei selbst sprengen – bei horizontaler Bebrütung etwa 5-mal häufiger.
- Fuß über dem Kopf: selten – das Küken kann das Ei nicht sprengen.

Wie Schlupfhilfe geleistet wird, entnehmen Sie dem Kapitel „Brutpraxis“.

Der Schlupferfolg hängt, außer von der Lage im Ei, auch von Eimasse, Eiform, Schalendicke und Inhaltsstoffen ab. Sehr kleine und vor allem sehr große Eier sind ebenso nachteilig wie zu runde oder zu längliche. Schalen von über 2,5 mm Dicke bereiten den Küken zum Teil unlösbare Probleme. Geringe Inhaltsstoffe (Mineralien und Vitamine) können zum Absterben der Küken vor dem Schlupf führen, aber auch genetische Gründe können vorliegen (Missbildungen).

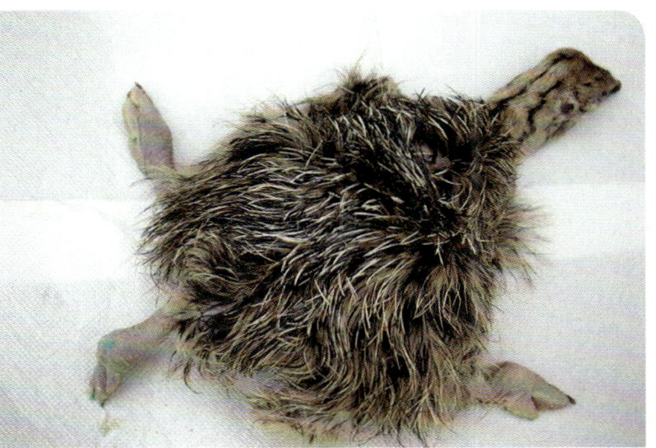

Missbildung: Küken mit drei Beinen

Ursachen für abgestorbene Embryonen und Küken:
- Lagertemperatur vor dem Bebrüten zu hoch bzw. zu niedrig (Frost)
- Eier überaltert,
- unsachgemäße Behandlung der Eier und Fehler beim Transport,
- mangelhafte Desinfektion,
- Inzucht,
- mangelhaftes Wenden der Eier,
- zu hohe oder zu niedrige Bruttemperatur,
- längerer Stromausfall und dadurch bedingte Überhitzung bzw. Sauerstoffmangel,
- mangelhafte Ventilation,
- bakterielle und/oder virale, auf das Ei übertragene Erkrankungen,
- Mangelsituation im Ei (Vitamin A/E, Zink, Jod).

8 Brutpraxis

Am Erfolg bzw. Misserfolg bei der Kunstbrut zeigt sich, ob das Farmmanagement stimmt, und ob alle Arbeitsbereiche gut oder eher mangelhaft ausgeführt werden: Elterntiere mit schlechtem Gesundheitsstatus oder in mangelhaftem Fütterungszustand können keine optimal versorgten Bruteier liefern, vernachlässigte Hygiene (vom Stall bis hin zur Brutanlage) zieht bakterielle Probleme nach sich, und falsche Abläufe oder technische Unzulänglichkeiten im Brutbereich führen zu geringen Schlupfraten.

Ganz erheblich hängt der Bruterfolg von der Erfahrung und auch vom Engagement des Farmers ab, denn je nach Eiform und -größe sowie nach Schalenbeschaffenheit und tatsächlichen Brutbedingungen am jeweiligen Eiplatz in der Brutmaschine erreichen die Küken oft nicht die Schlupfreife am 42. Tag, sondern einige Tage früher oder auch später. Es gibt also keine Faustregel, sondern nur die konsequente Überwachung jedes einzelnen Eis.

Einsammeln der Eier

Die Eiablage bei Straußen erfolgt gewöhnlich am späten Nachmittag oder frühen Abend. Nach der „Begrüßung", bei der das neue Ei von Hahn und Hennen mit dem Schnabel hin- und hergerollt wird, verlassen die Strauße den Legeplatz. Zu diesem Zeitpunkt ist die Kutikula, die schützende Schleimschicht um das Ei, meistens bereits abgetrocknet, sodass das Ei aus dem Nest geholt werden kann.

Bruteier sollten noch am Legeabend eingesammelt werden, denn der Verbleib birgt die Gefahr von Verschmutzung: Regen oder Bodennässe zerstören die Schutzschicht, Boden- oder Kotbakterien können durch die Eiporen eindringen, auch die Bakterien an der menschlichen Hand können zur Gefahr für das Ei werden. Daher sollten Bruteier nie mit bloßen Händen angefasst, sondern schon beim Einsammeln in saubere Papiertücher eingeschlagen werden, auf denen man auch gleich die Identität des Eis, also die Gehegenummer oder sogar den Namen der Legehenne, vermerken kann.

Beim Transport müssen Bruteier wie „rohe Eier" behandelt und insbesondere vor starken Erschütterungen geschützt werden, damit Verletzungen des Dotters und Sprünge in der Schale vermieden werden.

Praxis-Tipp

Strauße bevorzugen sandige Stellen für die Eiablage. Wenn man ihnen mehrere Sandplätze im Gehege schafft, erreicht man mit großer Wahrscheinlichkeit, dass die Tiere an einer für den Farmer leicht erreichbaren Stelle mit noch dazu hygienischem Untergrund legen, denn sauberer Sand hat einen deutlich geringeren Bakterienstatus als gewöhnlicher Mutterboden.

Optimaler Brutplatz: angelegtes Naturbrutnest im Unterstand

Reinigung von Bruteiern

Die Schale eines Straußeneis verfügt über 10 000–20 000 Poren für den Gasaustausch, also für das „Atmen" während der Brut. Nur weniger als 100 dieser Poren sind groß genug, um das ungehinderte Eindringen von Bakterien zuzulassen, doch die idealen Brutbedingungen für Eier sind ebenfalls ideal für das Wachstum von Keimen, und schon wenige genügen, um das wachsende Küken zu gefährden.

Die Erfahrung zeigt, dass die besten Schlupfergebnisse erzielt werden, wenn grundsätzlich jedes Straußenbrutei direkt nach dem Einsammeln gewaschen und desinfiziert wird. Anders als andere Vogeleier kann man Straußeneier waschen, allerdings dürfen sie nie in Wasser eingetaucht, sondern nur unter fließendes Wasser gehalten werden. Die Wassertemperatur sollte auf jeden Fall höher liegen als die Eitemperatur, damit nicht durch einen „Friereffekt" Bakterien in das Ei eingezogen werden.

Mit einer sehr weichen Bürste kann man das Ei vorsichtig und ohne Druck bearbeiten, damit die Kutikula nicht „abgeschrubbt" wird. Durch kreisende Bewegungen lassen sich die Poren besser säubern, und freie Poren sind Voraussetzung für einen ungehinderten Gasaustausch während der Brut. Das saubere Ei wird dann mit einer warmen, eierverträglichen Desinfektion übergossen, die man einfach antrocknen lässt. Mit einem weichen Bleistift werden Gehegeherkunft und Legedatum auf dem Ei vermerkt.

Praxis-Tipp

Schon zum Reinigen der Eier, wie auch bei allen späteren Arbeitsgängen, legt man Einmalhandschuhe an, die man immer kurz in Desinfektion eintaucht, bevor man ein neues Ei aufnimmt. So lässt sich die Übertragung von Keimen von einem Ei auf das andere vermeiden.

Aussortieren von Eiern

Nicht alle Eier eignen sich für die Brut, und bei der Auslese sollte man eher streng vorgehen: Z. B. Eier mit Löchern, auch wenn diese nur die Größe eines Stecknadelkopfs haben, sowie mit Sprüngen oder mit rauer Schale sollten aussortiert werden. Fühlt sich die Schale, wenn man mit dem Bleistift darauf schreibt, wie eine Schiefertafel an, fehlt dem Ei die äußere Glanzschicht, die den Inhalt auch vor zu starker Verdunstung schützt. Ein werdendes Küken würde in einem solchen Ei in kurzer Zeit vertrocknen. Auch auf die Bebrütung von stark verschmutzten Eiern sollte man lieber verzichten: Bei ihnen besteht schon beim Einsammeln eine bis zu 30 %ige Wahrscheinlichkeit, dass Bakterien die Schale bereits durchdrungen haben. Bei Eiern, die zum Teil in Pfützen gelegen haben oder mit Kot verschmiert sind, erhöht sich diese Wahrscheinlichkeit auf 85 %.

Lagerung von Bruteiern

Aus dem Waschraum werden die Eier ins Eilager gebracht. Durch die Abkühlung des Eis von Legetemperatur auf Umgebungstemperatur hat sich inzwischen an einem der Pole die Luftkammer gebildet, die anfänglich die Größe eines 2 €-Stücks hat. Man findet sie, indem man mit einer starken kleinen Taschenlampe die Pole ableuchtet, und zeichnet sie mit Bleistift an. Die Eier werden im Lager mit Luftkammer nach oben auf Plastikringe gestellt und dann 45° nach einer Seite geneigt. Zweimal täglich werden sie während der Lagerzeit gewendet, also über die Senkrechte um 45° nach der anderen Seite geneigt. Diese Bewegung sorgt dafür, dass die Keimscheibe immer von frischen Nährstoffstrukturen umhüllt wird. Wer gewöhnlich eine große Zahl von Eiern lagert, sollte sie in Horden setzen, die mit einem einzigen Handgriff oder einem Hebel zu wenden sind, idealerweise sogar elektrisch.

Praxis-Tipp

Bruteier sollten grundsätzlich nur mit Bleistift beschriftet werden, Farb- oder Filzstifte können Giftstoffe enthalten, die embryoschädlich sein können. Außerdem können Bleistiftmarkierungen vollständig entfernt werden, wenn sich das Ei als unbefruchtet erweist, und der Farmer es als ausgeblasenes Deko-Ei verkaufen möchte.

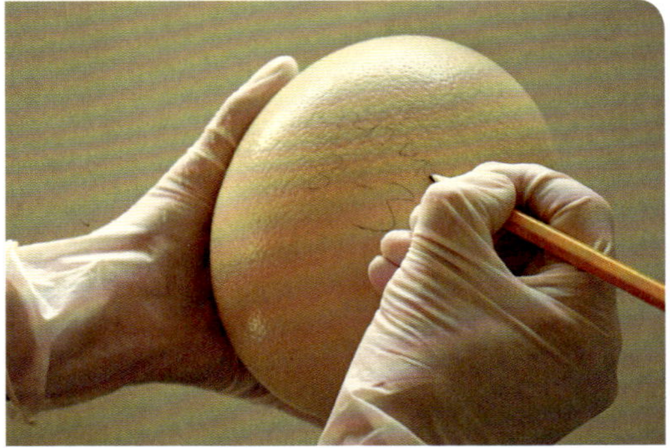

Eier nicht mit Tintenschreiber, sondern nur mit Bleistift markieren

Straußeneier können mehrere Tage gelagert werden, bevor man mit der Brut beginnt. Bei fünf Tagen erreicht man optimale Schlupfergebnisse, bei bis zu zehn Tagen ebenfalls sehr gute, aber bei einer Lagerzeit von mehr als 15 Tagen sinkt die Erfolgsquote deutlich.

Praxis-Tipp

Die Temperatur im Eilager darf 18 °C keinesfalls überschreiten, da sonst die Zellteilung in den befruchteten Eiern beginnt. Sie sollte auch konstant sein, was am besten mit einem Klimagerät erreichbar ist. Temperaturschwankungen bzw. ein häufiges Schwitzen und Frieren der Eier begünstigt Schimmelbildung auf der Eischale. Das Lager selbst sollte ein sauberer, gut belüfteter Raum sein. Der klassische „kühle Keller" im Haus ist meistens nicht geeignet, da Kellerräume in der Regel mit Schimmelsporen übersät sind.

Die Lagerung der Eier bringt einerseits den Vorteil, dass die Eier von mehreren Tagen gesammelt und am selben Tag in die Brutmaschine eingelegt werden können. So erhält man eine größere Gruppe gleichaltriger Küken. Zum anderen können durch den langen Abstand bis zum nächsten „Geburtstermin" sowohl Schlupfbrüter als auch Schlupfraum einer gründlichen Reinigung und Desinfektion unterzogen werden.

Brutdokumentation/Bestandsbuch

Vor dem Einlegen in die Brutmaschine werden die Eier nummeriert und mit Legedatum, Gehegeherkunft und Gewicht in eine fortlaufende Brutliste eingetragen. Dies schafft nicht nur den Überblick darüber, welche Eier wann schlupfreif werden: Jeder Betrieb ist dazu verpflichtet, ein Tierbestandsbuch mit Angaben zur Legeleistung der Elterntiere und Produktionsergebnissen zu führen, und falls Nachwuchstiere als

Zuchttiere verkauft werden sollen, muss deren Abstammung zweifelsfrei nachvollziehbar sein.

Das Führen von Aufzeichnungen über jedes Tier ist nicht nur zum Errechnen der Erfolgsdaten und damit der Wirtschaftlichkeit erforderlich, sondern dient auch der Zuchtselektion, der Gesundheitsfürsorge, als Information für den Tierarzt sowie der praktischen Forschung im Betrieb. Eine lückenlose Aufzeichnung aller Erkrankungen und Behandlungen ist zudem nach dem Geflügelfleischhygienegesetz Voraussetzung für die spätere Schlachtung.

Brutüberwachung

Beim Einsetzen in den Brüter wird jedes Ei gewogen; im Verlauf der nächsten sechs Wochen muss es etwa 15 % seines Anfangsgewichts verlieren. Es empfiehlt sich, etwa alle zehn Tage Kontrollwiegungen durchzuführen, weil man damit die Luftfeuchtigkeit in der Maschine überprüfen und gegebenenfalls justieren kann: Verlieren die Eier zu wenig Gewicht, brütet man mit zu hoher Luftfeuchtigkeit und muss eventuell mit einem Klimagerät die Brutluft entfeuchten oder die Raumluft vorkühlen, werden die Eier zu leicht, muss man eher be-

Bruteier lagern nur im klimatisierten Eilager

Einfacher Schierkasten mit LED-Leuchtmittel

feuchten. Das Kontrollblatt zur Gewichtsentwicklung eines Eis (siehe Anhang) zeigt mit einem Blick die optimale Entwicklungskurve bzw. Abweichungen nach oben oder unten.

Die Schale eines Straußeneis ist mit rund 2 mm so dick, dass erst nach 10–14 Tagen zweifelsfrei erkannt werden kann, ob das Ei befruchtet ist oder nicht. Dazu wird das Ei auf einen Schierkasten aufgesetzt und mit einer möglichst starken Birne durchleuchtet.

Praxis-Tipp

Zum Durchleuchten des Eies sollten keine herkömmlichen Leuchtmittel verwendet werden, die bei einer Leistung von mindestens 150 Watt sehr hohe Temperaturen entwickeln, dadurch kann der Embryo geschädigt werden. Daher empfiehlt es sich, den Schierkasten mit einem LED-Leuchtmittel auszurüsten, das sich selbst bei längerem Einsatz nicht wesentlich erwärmt. In diesem Fall genügt bereits eine Leistung von 10–20 Watt.

Durch ein unbefruchtetes Ei dringt das Licht hindurch, es erscheint orangefarben transparent. Im befruchteten Ei erkennt man dagegen deutlich den Schatten des werdenden Kükens. Von Woche zu Woche nimmt dieser Schatten größere Teile des Eis ein. Dadurch kann man das Wachstum des Embryos verfolgen und auch sofort die Eier aus dem Schrank entfernen, die sich nicht weiterentwickeln, die also nicht befruchtet oder während der Brut abgestorben sind.

Bei der wöchentlichen Untersuchung der Eier sollte man auch die „Riechprobe“ machen und seine Nase schulen, schlecht oder untypisch riechende Eier aufzuspüren und aus dem Schrank zu entfernen, bevor ihre Bakterien auf weitere Eier übergreifen. Solch gewissenhafte Arbeit hilft, einen möglichst optimalen Hygienestatus im Brutschrank zu erhalten, denn die Maschine soll bis zum Ende der Brutsaison angeschaltet bleiben und noch allen weiteren Brutdurchgängen gute Entwicklungsbedingungen bieten. Besteht allerdings der Verdacht, dass eine Infektion im Schrank um sich greift, hilft nur die Begasung von Brüter und Eiern.

Praxis-Tipp

Nicht nur die Eier, auch die Technik sollte ständig überwacht werden. Durch zusätzliche Thermometer, die man im Schrankinnern anbringt, kann man überprüfen, ob die Anzeige außerhalb der Maschine korrekt funktioniert, und ob es an verschiedenen Stellen im Schrank Temperaturabweichungen gibt (die dann zu verzögertem oder verfrühtem Schlupf führen können). Auch das Arbeiten der Wendeautomatik muss täglich überprüft werden. Bei Stromausfall von einigen Stunden ist übrigens nicht die Abkühlung der Eier das Hauptproblem, sondern der Sauerstoffmangel dadurch, dass die Maschine keine Frischluft zuführt. Gegebenenfalls immer wieder die Tür öffnen und für Belüftung sorgen!

Schlupf

Vom 37. oder 38. Bruttag an sollte man täglich mit einer kleinen starken Taschenlampe die Luftkammern der schlupffälligen Eier kontrollieren. Sind sie kreisrund, hat das Küken noch nicht mit seinen Schlupfvorbereitungen begonnen, sieht man dagegen eine Veränderung, muss das Ei schleunigst in den Schlupfbrüter umgesetzt und in eine Schlupfliste eingetragen werden. Bricht ein Küken bereits im Brutschrank die Schale, besteht die Gefahr, dass durch Kükenflaum, Eiflüssigkeiten oder Hautstücke die übrigen Eier verschmutzt werden oder zumindest die im Schrank vorhandenen Bakterien bessere Nahrung bekommen.

Die Veränderung der Luftkammer kann als ovale Ausdehnung der Kammer, als „ausgefranste“ anstatt klare Linie, als kleine tiefe Ausbuchtung oder aber als Schatten erkennbar sein, der in die Luftkammer hineinragt. Auf jeden Fall sollten diese Beobachtungen, wie alle späteren auch, mit Zeitangabe in die Schlupfliste eingetragen werden. Nur so kann man verfolgen, ob ein Küken mit dem Schlupf vorankommt, oder ob man eventuell eingreifen muss.

Praxis-Tipp

Entwickeln Sie eine „Schlupfsprache", ein eindeutiges Vokabular für die Schattenbilder, die Sie im Ei beobachten, damit Sie und alle mit dem Schlupf betrauten Personen unmissverständlich wissen, was im Ei vor sich gegangen ist bzw. aktuell geschieht.

Bei jedem neuen Anleuchten des Eis muss sich die zuletzt beobachtete Veränderung wieder verändert haben: Die Luftkammer wird unförmiger und die Ausbuchtungen größer. Setzt man das Ei fest in die (behandschuhte!) Handkuhle, spürt man meist ein deutliches Zappeln des Kükens, beim Anleuchten lässt sich die Bewegung ebenfalls deutlich erkennen. Je lebhafter das Küken strampelt, desto näher müsste der Zeitpunkt sein, an dem es „intern pippt", d. h. es durchreißt mit dem Schnabel die Eihaut, dringt in die Luftkammer ein und atmet nun durch die Lunge. Auch dies lässt sich beim Anleuchten erkennen: Ein kräftiger dunkler Schatten ragt in die Luftkammer hinein, zappelt lebhaft, und meistens ist auch ein kräftiges Piepsen zu hören.

Praxis-Tipp

Nur das Küken selbst weiß, wann es zum internen Pippen bereit ist. Das kann bereits am 37. oder 38. Bruttag oder auch erst am 44./45. Tag sein. Wer grundsätzlich alle Eier am 42. Tag aufklopft, „weil Straußenküken ja nach 42 Tagen schlüpfen sollen", gefährdet Leben!

Geschafft: Küken haben extern gepippt

Von jetzt an hat das Küken etwa 24 Stunden Luft, bevor es „extern pippen“, also die Schale aufbrechen muss. Schafft es dies nicht innerhalb dieser Zeit, sollte man ihm Luft verschaffen, indem man an der Luftkammer ein kleines Loch in die Schale klopft. Danach gibt man dem Küken wieder einen Tag Gelegenheit, alleine zu schlüpfen, wobei man immer wieder kontrollieren muss, ob es sich vielleicht im Ei verdreht und z. B. mit seinem Rücken die Luftquelle verschließt.

Macht es in dieser Zeit keine Fortschritte, knackst man vorsichtig ein, zwei Sprünge quer über das Ei, und legt es zurück in die Maschine. Meistens robbt einem das Küken bei der nächsten Kontrolle des Schlupfbrüters dann schon entgegen. Wichtig: Die Schlupfkästen mit rutschfesten Matten auslegen, damit die Küken bei den ersten Aufstehversuchen nicht ausgleiten! Sobald das Federkleid abgetrocknet ist (etwa eine halbe Stunde nach dem Schlupf), kann das Küken aus der brummenden Maschine befreit, mit einem nummerierten Beinband markiert und in die ruhige warme Babystube gesetzt werden.

Praxis-Tipp

Wenn der Schlupfschrank mehrere getrennte Abteile hat, kann man die Eier aus derselben Elterngruppe separat zusammenlegen. Dann lässt sich die Familienabstammung von Küken, die z. B. über Nacht selbstständig schlüpfen, immer noch zweifelsfrei bestimmen.

Fehllagen

Hier sind Gespür und Erfahrung des Farmers am meisten gefordert. Auch ein Küken, das verkehrt im Ei liegt, also niemals mit dem Schnabel in die Luftkammer gelangen kann, beginnt seine Schlupfvorbereitungen wie alle anderen. Im günstigsten Fall sprengt es aus Luftmangel seine Eischale, und plötzlich sieht man weit weg von der eingezeichneten Luftkammer einen Schnabel aus dem Ei ragen.

Meistens aber erkennt man eine weite ovale Ausdehnung der Luftkammer, die sich über mehrere Stunden nicht verändert, während die meisten anderen Küken bereits intern gepippt haben, oder aber die Luftkammer ist noch kleiner, als sie zum Schlupfzeitpunkt sein sollte. Vielfach hebt und senkt sich auch der Luftkammerrand fast unmerklich: Atembewegungen oder ein leises Schaben oder Piepsen ist zu hören; alles Anzeichen dafür, dass es Zeit ist, dem Küken Luft zu verschaffen, bevor es erstickt.

Praxis-Tipp

Man beginnt in der Luftkammer, die Schale aufzubrechen, und sieht dann das Küken noch komplett mit der inneren weißen Eihaut bedeckt. Mit etwas Übung kann man die Anatomie erkennen und erraten, in welcher Richtung sich der Kopf verbirgt. Ganz vorsichtig drückt man Küken und Eihaut von der Schale weg, um Stückchen für Stückchen die Schale wegbrechen zu können, ohne die Eihaut einzuritzen. Die Wahrscheinlichkeit ist hoch, dass die Blutgefäße unter der Haut noch Blut führen, und das Küken einen Blutverlust erleiden würde. Trotz der gebotenen Eile muss also ruhig und mit großer Vorsicht gearbeitet werden.

Trifft man auf einen Bereich, an dem eine Grau- oder Braunfärbung der Eihaut zu erkennen ist, nähert man sich der Stelle, an der das Küken mit dem Schnabel reibt. Einige Zentimeter weiter sieht man dann meist ein Loch und eine Schnabelspitze, die sich nach dem ersten Luftschnappen heftig bewegt.

Praxis-Tipp

Unverzichtbares „Schlupfzubehör“ sind Saitenschneider und Telefonzange zum Aufbrechen der Schalen, Scheren, Pinzetten, steriler Faden zum Abbinden der Nabelschnur, Nabelkompressen, Klebepflaster, Einmalhandschuhe sowie Haut- und Instrumentendesinfektion, denn auch im Schlupfbereich ist absolute Hygiene ein Muss.

Arbeitsplatz Schlupfraum

Von jetzt an kann das Küken meist alleine schlüpfen, wenn man ihm einen Tag dazu Zeit gibt, andernfalls öffnet man Schale und Eihaut bis zum Nabel. Ist die Haut noch sehr feucht und die Nabelschnur stark durchblutet, muss man die Nabelschnur mit einem sterilen Faden abbinden, dann kann man sie oberhalb der Abbindestelle mit einer desinfizierten Schere durchtrennen und das Küken aus dem Restei schälen. Der Nabel wird mit Hautdesinfektion besprüht und für ein, zwei Tage mit einer schützenden Kompresse überklebt.

Auch ein fehlgelegenes Küken kann sich so gut entwickeln wie seine Geschwister. Manchmal braucht es zwei Tage länger, bis es auf die Beine kommt, weil sich Wasseransammlungen unter der Haut wegen zu geringem Flüssigkeitsverlust erst noch abbauen müssen, aber dann gibt es „kein Halten mehr"!

Die oft gehörte und gelesene These, dass nur allein geschlüpfte Küken vitale Küken seien, wird durch Praxis und Erfahrung eindeutig widerlegt. Abgesehen davon, dass auch bei Naturbrut Küken, die nicht selbst schlüpfen können, von ihren Eltern aus dem Ei befreit werden, ist Schlupfhilfe nicht nur eine ökonomische Frage, sondern vielmehr eine ethische: Die Küken sind im wahrsten Sinn des Wortes in unsere Hand gegeben.

9 Kükenaufzucht

Straußenküken sind von Natur aus neugierige und aktive Wesen mit einer schier unerschöpflichen Energie – und einem geradezu atemberaubenden Wachstumspotenzial: Bis zu 10 cm legen sie pro Woche an Rückenhöhe zu, und mit vier Monaten erreicht beispielsweise ein Zimbabwe-Blue-Strauß eine Kopfhöhe von 1,60 m.

Zur Entfaltung kommen diese Anlagen allerdings nur, wenn die Lebensbedingungen der Tiere rundum stimmen, und dazu gehört in den ersten Lebenswochen ganz primär die häufige Anwesenheit einer Betreuungsperson, die bei den Tieren eine Art „Urvertrauen in die Welt" entstehen lässt. Ein Küken muss sich beschützt fühlen, muss das Gefühl haben, es kann ihm in der Umgebung nichts passieren, die es noch nicht kennt. Dann ist es entspannt und frohwüchsig und muss auch keinesfalls, wie oft behauptet, „zu Bewegung animiert" werden. Nur ängstliche Küken kauern am Boden – Verlassenheitsstress kann wie anderer Stress bei Küken sogar zum Tode führen.

„Babystube"

In den Stunden nach dem Schlupf brauchen Straußenküken noch Ruhe und sollten direkt unter der Wärmelampe noch die Temperatur vorfinden, die sie aus dem Ei gewöhnt sind, also etwas über 30 °C. Es empfiehlt sich, für die Neugeborenen einen eigenen kleinen Raum zu schaffen, eine Art „Babystube", in dem diese Bedürfnisse erfüllt werden können. Der Raum selbst muss nicht wärmer als 20 °C sein – die Küken robben oder laufen (am 2. Lebenstag) von sich aus in die Temperatur-

Wachsen im Rekordtempo: 10 cm Rückenhöhe/Woche

zonen, die ihnen guttun. Wenn eine der Lampen ein Rotlicht ist, haben die Küken auch nachts etwas Orientierung.

Küken schlafen immer dicht aneinandergedrängt, weil ihnen die Gruppe ein Gefühl von Geborgenheit und auch Wärme gibt. Wenn allerdings mehr als 15–20 Küken beieinander sind, fühlen sich die in der Mitte liegenden Tiere eingequetscht bzw. einige Küken klettern sogar über die anderen. Daher sollte man immer mehrere Schlafplätze und die Möglichkeit schaffen, größere Gruppen für die Nacht zu trennen.

Praxis-Tipp

Küken müssen bei ihren ersten Gehversuchen festen Halt unter den Füßen haben. Sie dürfen nicht ausrutschen und dabei die Beine überspreizen – dies kann zu Beinschäden bis hin zum klassischen „Beindreher“ führen. Es empfiehlt sich, im Kleinkükenbereich gummierte Antirutsch-Teppichunterlagen als Untergrund zu verwenden. Diese sollten perforiert sein, damit Flüssigkeit nach unten entweichen kann, und damit die Küken trockene saubere Bäuche behalten. Die Matten werden täglich in der Waschmaschine gereinigt und der Untergrund der Babystube ausgewaschen. Strenge Hygiene ist bei kleinen Küken ein Muss: Solange der Bauchnabel noch nicht ganz geschlossen ist, können Bakterien in die Bauchhöhle gelangen und die Küken infizieren.

Praxis-Tipp

Vorsicht vor Kunstrasen als Untergrund im Kükenbereich! Die Tiere werden mit Hingabe das „Grünfutter“ abweiden und einen Bauch voller Kunststofffasern haben. Gefährlich sind alle pickbaren Unterlagen, z. B. auch Textilien, aus denen die Küken lange Fäden herausziehen können. Diese ballen sich im Bauch zu einem harten Knäuel zusammen, der nicht verdaut werden kann, und lassen keinen Platz mehr für Futter: eine Todesfalle für Küken.

Schlafender „Kükenknäuel“: Zu große Gruppe wird gefährlich

Zum Schlupfzeitpunkt haben die Tiere noch Restdotter im Bauch und sind gewöhnlich für die ersten ein, zwei Tage mit Nahrung versorgt. Spätestens vom dritten Tag an bietet man den Tieren guten Straußenkükenstarter (siehe Kapitel „Fütterung") und mehrfach am Tag auch Wasser an, das weder kalt noch warm sein sollte. Futterschälchen bleiben auch in der Nacht bei den Küken, Wasser wird entfernt. Bei den Wassergefäßen muss immer darauf geachtet werden, dass die Küken nicht hineinfallen und ertrinken können.

Von Anfang an sollten die Küken, am besten draußen auf der Weide, auch kleine, runde Kieselsteinchen finden: die „Zähne", die im Muskelmagen ihre Nahrung zerkleinern. Muschelschalen oder Grit sind keine Alternative, da sie sich im Magen auflösen und als Mahlwerk nicht mehr zur Verfügung stehen. Die Faustregel fürs ganze Straußenleben: Die Tiere müssen immer Steine in der Größe ihres halben Zehennagels finden können.

Praxis-Tipp

Von den neugierigen Küken wird buntes Spielzeug hoch geschätzt, das allerdings – wie bei menschlichem Nachwuchs – so groß sein muss, dass es nicht verschluckt werden kann, und von dem sich keine Kleinteile ablösen dürfen.

Wenn die Temperaturen im Freien bei etwa 20 °C liegen, können die Küken schon am zweiten Lebenstag in Begleitung der Betreuungsperson für ein, zwei Stunden auf die Weide. Falls die Sonne scheint, können die Temperaturen auch niedriger liegen, denn die Strahlung sorgt

Fit, hellwach, energiegeladen – so müssen Küken aussehen

für sofortige Erwärmung des Gefieders. Schon nach wenigen Tagen spielt die Temperatur eine untergeordnete Rolle: Die Küken vertragen sogar Regen, sollten allerdings in den ersten drei Lebenswochen nie völlig durchnässen.

Praxis-Tipp

Sehr frühe Ausflüge ins Freie, schon am Tag nach dem Schlupf, sind für Küken enorm wichtig. Im Lauf von ein, zwei Stunden kann man einen gewaltigen Entwicklungsschub beobachten: Ein verschlafenes Küken wird plötzlich hellwach, aus Robben wird Laufen, aus Laufen wird Rennen, aus Umsichpicken wird energievolles Spiel. Allerdings darf man die Tiere bei den ersten Ausflügen nicht allein lassen, sonst erreicht man das Gegenteil, nämlich verängstigte, gestresste Küken, die lange Zeit scheu und misstrauisch bleiben.

Kükenstall und Weide

Nach etwa fünf oder sechs Tagen hat die erste Nahrung den Verdauungstrakt durchlaufen: Die Küken beginnen, Kot abzusetzen. Sie sollten nun in den eigentlichen, größeren Kükenstall wechseln und von jetzt an im Stall auf Einstreu gehalten werden, die auf rutschfestem Untergrund aufgebracht wird. Bewährt hat sich ganz gewöhnliches weiches Stroh, das allerdings weder sporig noch von langen grünen Halmen durchzogen sein darf. Diese werden von den Küken gerne verschlungen und können zu einem gefährlichen Magenwickel werden. Dies gilt auch für Stroh, das am Kot der Küken festklebt: Die Küken picken nach Kot und verschlingen auch das anhaftende Stroh.

Praxis-Tipp

Wenn Stroh als Einstreu verwendet wird, muss gleich morgens der Kot im Stall entfernt und frisches Stroh nachgestreut werden. An Tagen, an denen die Küken wegen Dauerregens viel Zeit im Stall verbringen, muss man mehrfach täglich „durchkötteln“ bzw. die Küken mit Spielzeug und dem Aufstellen zahlreicher Futternäpfe vom Kotpicken ablenken.

Der Kleinkükenstall sollte hell und zugfrei, jedoch mit einem kräftigen Ventilator im oberen Bereich einer Stallseite und einer Frischluftzufuhr auf der gegenüberliegenden Seite versehen sein. Gute, möglichst trockene Stallluft in der Nacht und zu Zeiten, in denen die Türen geschlossen bleiben, hält die Atemwege der Küken gesund. Feuchte, stickige und ammoniakbelastete Luft fördert Verpilzung und greift die empfindliche Augenoberfläche der Strauße an.

Auch hier empfiehlt es sich, mehrere Schlafplätze unter Wärmelampen einzurichten, um nachts nicht mehr als 15–20 Küken in einer

Erlaubt Rückschlüsse auf die Tiergesundheit: der ideale Kükenkot

Gruppe zu haben. Flexibel stellbare Trennwände oder Gitter machen dies problemlos und schnell möglich. Eine Fußbodenheizung ist nicht nötig. Es genügt, wenn die Temperatur direkt unter den Lampen bei etwa 25° und im restlichen Stall bei etwa 20 °C liegt. Durch Höhenverstellung der Wärmelampen lässt sich die Temperatur auch anpassen, allerdings sollten die Lampen grundsätzlich so hoch hängen, dass sie für die Köpfe der Küken unerreichbar sind.

In heißen Sommernächten kann man auf Wärmezufuhr komplett verzichten, dann allerdings sollte ein mattes Baby-Nachtlicht in eine Steckdose eingesteckt werden, damit die Küken, die nachts auch immer wieder umherlaufen, etwas Orientierung im Stall haben und auch bei erschreckenden Geräuschen nicht gegen Wände rennen.

Sind die Küken etwa eine Woche alt, kann die Stalltür schon den ganzen Tag über geöffnet bleiben. Bewährt hat sich, den kleinen Küken einen betonierten Vorplatz zu schaffen, der mit Gittern von der Weide abtrennbar ist. Bei Regen oder starkem Wind finden die Küken in den schützenden Stall schneller zurück und lernen sehr schnell, wohin sie „fliehen“ können, wenn es draußen zu ungemütlich wird. Hat der Stall ein vorgezogenes Dach, kann man Futter auch nach draußen stellen, ohne dass es nass wird, und so die Küken ins Trockene lenken.

Praxis-Tipp

Küken lernen, bei Regen oder Starkwind den schützenden Stall von selbst aufzusuchen, nur bei Gewitter funktioniert dies nicht. Donner und Blitz erschrecken junge Strauße so sehr, dass sie sich aus Panik auf den Boden drücken und sich auch bei prasselndem Regen oder Hagel nicht mehr rühren. Sie müssen bei den ersten Anzeichen von Gewitter in den Stall geholt werden.

Die betonierte Vorfläche bringt noch weitere Vorteile: Sie kann mit dem Hochdruckreiniger abgespritzt, also gut gereinigt und bei Bedarf auch desinfiziert werden, und die Küken können sich ständig im Freien aufhalten, ohne gleich ganztags auf der Wiese zu laufen: Da Küken noch nicht in der Lage sind, Grünfutter vollständig zu verwerten, also in Wachstum umzusetzen, ist der Kükenstarter in den ersten Lebenswochen für sie das wichtigere Futter. Weidegänge sollten daher in den ersten Lebenstagen auf wenige Stunden begrenzt und langsam verlängert werden. Der Kükenstarter wird auch bis zum Ende des zweiten Lebensmonats ad libitum gegeben: Küken, die sich gut entwickeln sollen, kann man nicht „großhungern“, wie oft behauptet wird.

Dennoch ist die Kükenwiese für die Kleinen enorm wichtig: Ihr Magen-Darmtrakt kann sich so entwickeln, dass in wenigen Wochen Grünfutter zum Hauptfutter werden kann. Ihr Immunsystem wird gestärkt, weil sie mit Umweltbakterien und Wetterwechseln in Berührung kommen, und ihr Knochenwachstum verläuft optimal, weil sie natürlichem UV-Licht ausgesetzt sind und viel Bewegung haben.

Je abwechslungsreicher die Kükenfläche mit Bäumen, Büschen und sandigen Plätzen ausgestaltet ist, desto mehr Lebensfreude wird bei den Tieren geweckt, und desto mehr Instinktverhalten kann man beobachten: Sie rennen und tanzen aus Spaß, machen Badebewegungen im Staub, werfen alles durch die Gegend, was sie finden, suchen von sich aus Sonnenschutz unter Bäumen und Dächern oder Windschutz hinter Hecken bzw. in Geländekuhlen.

Betreuung mindert Stress und fördert das Wohlbefinden

Auslauf schon kurz nach dem Schlupf – aber bitte mit Schatten

Praxis-Tipp

Kaum bekannt ist, dass Strauße und auch Küken unter starker Hitze leiden. Gerade in der Phase des extremen Wachstums (bis etwa Ende des 6. Monats) besteht bei hohen Temperaturen ab ca. 28 °C die Gefahr eines Kreislaufkollapses, der ohne schnelle Hilfe (beispielsweise Abkühlen mit Wasser an Bauch und Rücken) tödlich verlaufen kann. Afrikanische Farmen verlieren bei starker Hitze immer wieder Küken aufgrund Herzversagens und Hähne (schwarzes Gefieder), die keinen Schatten finden können. Abhilfe können hier Schattendächer, Sonnenschirme oder Schatten spendender Weidebewuchs schaffen.

Praxis-Tipp

Der Straußenhalter muss dafür sorgen, dass die Außenfläche für Küken sicher ist: Fremdkörper wie zu große Steine, Nägel, kleine Aststücke etc. müssen regelmäßig abgesammelt und Zäune nach scharfen Drahtenden abgesucht werden, an denen sich die Küken verletzen könnten. Die Lochstruktur der Zäune muss so sein, dass die Küken weder mit den Beinen noch mit den Köpfen darin hängen bleiben. Auch Maulwurfshügel müssen entfernt werden, da die Gefahr besteht, dass die neugierigen Küken den lockeren Erdhaufen für Futter halten. Die Wiese selbst und auch die Streifen direkt an den Zäunen sollte man wie englischen Rasen kurzhalten, denn auch hier gilt: Lange Halme ballen sich im Kükenmagen zusammen und töten die Tiere im Extremfall.

Küken werden sehr schnell groß und schwer. Dies bedeutet:

- Der Kükenstall muss groß genug sein für mehrere Altersgruppen.
- Der Auslauf muss mit den Küken „mitwachsen“ können. Vier, fünf Wochen alte Küken haben schon einen deutlich höheren Platzbedarf als zwei Wochen alte.

Variable Außenflächen für unterschiedliche Altersgruppen

- Absperrungen müssen variabel und stabil sein. Sie müssen der schnellen Zunahme von Größe, Gewicht und Geschwindigkeit angepasst werden.
- Wärmelampen müssen so befestigt sein, dass sie ohne großen Aufwand fast täglich etwas höher gehängt werden können.
- Markierungsbänder an den Kükenbeinen müssen regelmäßig geweitet werden, damit sie nicht einwachsen und die Blutzirkulation abschnüren.

Praxis-Tipp

Das Zusammenfassen von Küken verschiedenen Alters in einer Gruppe, also unterschiedlicher Größen, ist nicht zu empfehlen. Im Übermut, bei Panik oder beim ganz gewöhnlichen Toben überrennen die kraftvollen, viel schwereren großen Küken ihre kleinen Geschwister und stressen sie dabei erheblich bzw. können sie sogar verletzen. Von den Futternäpfen werden die Kleineren häufig abgedrängt. Altersunterschiede sollten nicht mehr als zwei Wochen betragen.

Hygiene

Kükenunterbringungen sollten sauber und trocken sein. Tücher, Matten und einstreulose Untergründe müssen täglich gewaschen und spätestens nach dem Umzug einer Gruppe vor Neubelegung auch desinfiziert werden. Auch Freiflächen sind von der regelmäßigen Reinigung nicht ausgenommen: Kot wird abends entfernt, und abwaschbare Bereiche müssen abgespritzt werden.

Nicht üblich in Europa: Kükenbetreuung durch Ammentiere

Futter und Wasser sollten grundsätzlich nur in frische Gefäße gefüllt und abgestandenes Wasser oder vom Vortag übrig gebliebenes Futter müssen entfernt werden.

Besucher, insbesondere von anderen Farmen oder Tierhaltungen, haben im Kükenbereich nichts zu suchen. Es empfiehlt sich sogar für Halter und Betreuungspersonen, vor dem Betreten des Kükenhauses Schuhe und Kleider zu wechseln, damit man nicht von anderen Bereichen der eigenen Farm Keime (oder eventuell Wurmeier) einträgt. Da kleine Küken, wie andere junge Tiere oder auch Menschenkinder, noch kein ausgeprägtes Immunsystem haben, muss man in ihrem Lebensbereich besonders auf Sauberkeit achten.

Stress

Stress ist bei Küken die Hauptursache für gesundheitliche Probleme, Kümmern oder Fehlverhalten. Stress durch Verlassensein in neuer Umgebung, Lärm (Fahrzeuge, Bauarbeiten, Flugzeuge) und Unruhe (kreischende, rennende Besucher, bellende Hunde) ... gestresste Küken klagen mit laut zirpenden Geräuschen, rennen fast panisch hin und her, oder sie drücken sich vor Angst in eine Ecke. Es empfiehlt sich also, Kükenflächen so zu platzieren, dass sie ruhig liegen, dass aber die täglichen Wege der Betreuungsperson häufig an ihnen vorüberführen.

Praxis-Tipp

Straußenküken ist es völlig egal, ob das sie betreuende Wesen ein erwachsener Strauß oder ein Mensch ist oder sogar wechselnde Menschen. Sie möchten lediglich das Gefühl haben, dass jemand für ihre Sicherheit und ihr Wohl zuständig und häufig anwesend ist.

Bei jedem Besuch der Küken sollte die Betreuungsperson ihren prüfenden Blick über alle Schützlinge gleiten lassen und auf Anzeichen von Problemen achten: Inaktivität, eingezogene Hälse, leises Jammern, Absondern eines Kükens von der Gruppe, Hinken, äußerliche Verletzungen, Kotunregelmäßigkeiten, Fehlverhalten wie In-die-Luft-Picken oder Federpicken. Küken signalisieren sofort, wenn ihnen etwas fehlt, und sie müssen dann möglichst schnell Hilfe haben, denn sie können nicht lange von ihrer Substanz leben.

Eine Betreuungsperson zu beschäftigen, mag auf den ersten Blick als „Luxus" erscheinen. Wenn aber durch sie auch nur eine Handvoll Küken pro Monat gerettet wird und die anderen sich prachtvoll entwickeln und entsprechend Ertrag bringen, dann hat sie sich bezahlt gemacht, und die Farm ist ein Betrieb, von dem der Kunde zu Recht sagt: Diese Tierhaltung kann man unterstützen.

Hilfsmaßnahmen in Einzelfällen

Beim ersten Aufstehen verkrampfen manche Küken die Füße und rollen die Hauptzehe nach einer Seite ab. Die Gefahr besteht, dass sie krumm bleibt, und dass das Tier immer ein Gehproblem bzw. Entwicklungsstörungen haben wird. Daher sollte man die Zehe in der Normalstellung mit Pflaster auf einem Metall-oder Kunststoffplättchen fixieren. Nach ein, zwei Tagen kann man den „Schuh" entfernen, und das Küken hat einen perfekten Fuß.

Einige Küken kommen sehr schwer auf die Welt, etwa mit dickem Wasserbauch und Wasserödemen an Hals und Schenkeln. Sie brauchen zwei oder drei Tage, um leichter zu werden und auf die Beine zu kommen. Oft spreizt dann der dicke Bauch die Beine zur Seite, sodass das Tier sich nicht hochstemmen kann. Hilfe bringt ein Band, mit dem man die Beine unterhalb der Tarsalgelenke in Normalbreite unter dem Bauch fixiert. Das Küken sitzt dann auf den Beinen, kann sie aber kontrollieren und üben – und schafft auch bald das Aufstehen. Wenn solche

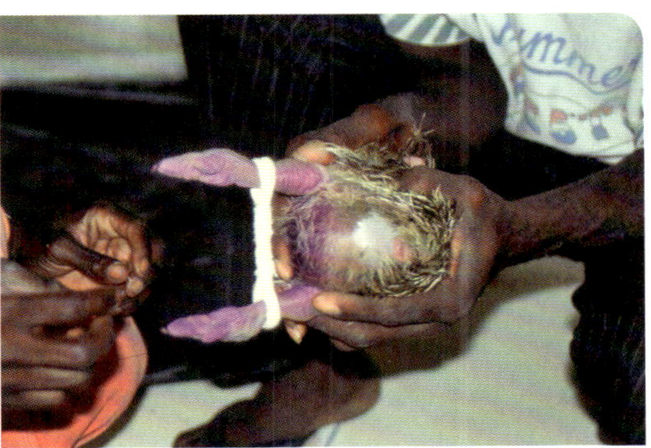

Ein Anti-Spreizband verhindert Fehlstellung

Küken „Einzelereignisse“ sind, lag die Ursache in der individuellen Beschaffenheit der Eischale, und es besteht kein Grund zur Sorge. Kommen viele Küken mit geringem Wasserverlust auf die Welt, müssen die Brutbedingungen überprüft werden.

Praxis-Tipp

Auch Küken, die von Anfang an oder auch plötzlich schwächeln, kann man helfen. Je nach Alter gibt man ihnen zweimal täglich einen bis mehrere Milliliter Nährstofflösung oral ein. Dazu schiebt man mit großer Vorsicht zunächst einen Finger zwischen Ober-und Unterschnabel und dann ein Spritzchen mit aufgesetztem Katheterröhrchen in die hintere große Rachenöffnung des Kükens: Nährstofflösung ganz langsam einspritzen und sicherstellen, dass sie auch abgeschluckt wird. Aber Vorsicht: Die vordere kleine Öffnung im Hals ist die Luftröhre, und das Küken darf auch nie am Unterschnabel festgehalten werden, weil dieser sehr zerbrechlich ist und auch leicht ausgerenkt werden kann.

Diverses

- Straußenküken können auf bestimmte Rufe, Pfiffe, Stimmlagen und Geräusche trainiert werden, die dann die tägliche Arbeit erleichtern: Z. B. mit dem Klopfen an einen Eimer, aus dem sie gewohntermaßen ihre Lieblingsspeise picken dürfen, bekommt man die Tiere ganz schnell in den Stall, wenn etwa ein Gewitter droht, oder eine Lieblingsspeise, die nur zum Naschen gegeben wird, lenkt die Tiere ab, wenn man sie chippen, vermessen, wiegen etc. will.
- Die äußere Kennzeichnung durch Beinbänder ist wichtig, weil man auf einen Blick die Identität des Tiers erkennt und sich notieren kann, welches Küken gekränkelt hat, welches welche Behandlung bekommen oder wer den großen Stein verschluckt hat. Die Kennzeichnung durch Mikrochips, die zeitlebens die Identität des Tieres festhalten, ist unerlässlich, wenn man eine gute Zucht aufbauen und besser geeignete von nicht so geeigneten Tieren unterscheiden will.
- Bereits im Kükenstall ist es wichtig, eine Trennmöglichkeit für kränkelnde, verletzte oder geschwächte Tiere bereitzuhalten. Anders als bei erwachsenen Tieren, die man im Notfall allein auf eine neue Fläche ohne Sichtkontakt zur gewohnten Gruppe stellen sollte, kann ein zu separierendes Küken Seite an Seite bei seinen Geschwistern leben, allerdings nie alleine: Ein oder zwei Gefährten müssen ihm Gesellschaft leisten, damit es nicht noch mehr kümmert bzw. sich aufgibt.

10 Jungtieraufzucht ab dem dritten Monat

Im Alter von 2–3 Monaten sind Strauße schon sehr selbstständig und leben ganz zufrieden in ihren Altersgruppen auch ohne ständige Betreuung. Doch sollte ein regelmäßiger Kontakt mit ihnen unbedingt gehalten werden. Alle 2–3 Stunden sollte man kontrollieren, ob alle Tiere in Ordnung sind, irgendetwas die Gruppe beunruhigt oder die Tiere vielleicht „Unsinn" treiben, z. B. an bestimmten Gehegestellen Löcher in den Boden fressen. Solche Unarten, die ihnen schaden können, sollte man durch geeignete Maßnahmen wie Absperren von Bodenlöchern unterbinden, bevor sie zur ständigen Gewohnheit werden.

Auch Jungstrauße bis zum 8. oder 9. Monat sind sehr stressanfällig: Ungewohnte Abläufe wie Umzüge, Transporte oder schon allein das Treiben der Gruppe sollten unbedingt vermieden werden. Müssen die Tiere wegen einer drohenden Gefahr (ein sich nähernder Heißluftballon, ein Paraglider, ein Kran, der in der Nachbarschaft aufgebaut wird, Baumaterial, das ungewohnt laut und plötzlich von einem Lkw abgeladen wird, ein aufziehendes Gewitter ...) schnell in den Unterstand geholt werden, so sollte man sie, wie üblich, mit Futter rufen. Dass dies im Notfall funktioniert, setzt aber voraus, dass solche Abläufe immer geübt werden, und dass die Tiere gerne und freiwillig kooperieren.

Praxis-Tipp

Idealerweise sollten Strauße mit drei Monaten in dem Gehege ankommen, in dem sie dann auch bleiben und in einer Gruppe von maximal 12–15 Tieren aufwachsen. Zum möglichst stresslosen Verladen lenkt man sie im verschlossenen Unterstand mit Futter ab. Möglichst lautlos und von der Gruppe unbemerkt zieht man ein Tier nach dem anderen rückwärts vom Trog weg und schiebt es in den Hänger, in dem ein Betreuer auch während der Fahrt zum neuen Stall anwesend ist. Lässt man die Tiere über Nacht erst einmal im neuen Unterstand, haben sie sich bis zum Morgen entspannt, und man kann in Ruhe mit ihnen einen Gang über das neue Gehege unternehmen.

Auch der regelmäßige Körperkontakt zu den Tieren darf nicht unterschätzt werden: Ein Strauß muss daran gewöhnt sein, gestreichelt, getätschelt und auch spielerisch festgehalten zu werden. Ein ängstliches, misstrauisches und Abstand haltendes großes Tier mit viel Kraft und starkem Willen ist schwer zu handeln, und ein Strauß, der einmal schlechte Erfahrungen mit dem Menschen gemacht hat, ist lange nachtragend und verzeiht möglicherweise nie mehr.

Keine Angst vor großen Tieren

Unterstand für Jungstrauße

Der Unterstand für Jungstrauße sollte hell sein und Schutz vor Wind und Wetter bieten. Da die Tiere im Alter bis zu vier Monaten zum Schutz vor Raubtieren nachts noch eingesperrt werden, muss das Gebäude verschließbar sein und so gesichert, dass Marder und Füchse nicht hineingelangen können. Eine Beheizung ist nach dem zweiten Lebensmonat nicht mehr erforderlich, es sei denn, die Tiere sind sehr spät im Jahr geboren, und es droht erheblicher Frost: Eine Heizmöglichkeit sollte also gegeben sein. Auch in Situationen, in denen die Tiere aufgeregt sind, ist es förderlich, eine Rotlichtlampe einzuschalten: Sich unter ihr genüsslich zusammen zu kuscheln, kann sehr beruhigend und ausgleichend wirken.

Unbedingt nötig sind in einem nachts verschlossenen Stall ein mattes Paniklicht sowie ein starker Ventilator im oberen Bereich einer Wand, der besonders in stickigen Sommernächten verbrauchte Luft abzieht. Wenn die Frischluftzufuhr an der gegenüberliegenden Wand ebenfalls im oberen Bereich erfolgt, sind die am Boden sitzenden Tiere vor Zugluft geschützt.

Praxis-Tipp

Ein mattes Paniklicht (etwa ein Baby-Nachtlicht, das in die Steckdose eingesteckt wird) verhindert, dass die Tiere in Schreckmomenten „blind“ gegen Wände rennen oder ihre Geschwister niedertrampeln. Die Gefahr steigt mit der Größe der Unterstände: Haben die Tiere zu viel Platz, gerät die Gruppe in schnellen Lauf und knallt von einer Wand in die nächste. Tiere, die dabei stürzen, werden einfach überrannt und eventuell schwer verletzt.

Der ideale Untergrund in Unterständen für Strauße von etwa sechs Wochen aufwärts ist einfacher Mutterboden, der täglich mit Stroh frisch aufgestreut wird. Betonboden birgt erhebliche Rutsch- und Verletzungsgefahr! Alle 3–4 Monate kann das Strohbett dann maschinell entfernt, also gemistet werden. Breit getretener Kot, an dem viel Stroh klebt, und den die Tiere gerne picken, sollte allerdings wegen der Gefahr, dass sich mit dem Kot aufgenommenes Stroh im Magen zu einem tödlichen Strohwickel zusammenballt, täglich abgesammelt werden. Zum Schutz des Unterstands vor Überschwemmung bei extremen Regenfällen oder Hochwasser kann man das Bodenniveau auch anheben, indem man zusätzlichen Mutterboden oder ein Kies-Sand-Gemisch aufschüttet und kräftig anrüttelt.

Generell ist bei jedem Unterstand für Strauße ein Vordach zu empfehlen. Dort kann man Futter oder Heu im Trockenen anbieten, man kann ein Sandbad vorhalten, das auch bei nasser Witterung zur Verfügung steht, und die Distanz zum nassen Eingangsbereich verhindert, dass zu viel Schlamm und Schmutz in den Innenbereich eingetragen werden. An heißen Tagen finden die Tiere unter dem Vordach Schatten und sogar etwas Luftbewegung, wenn man die gegenüberliegende Stalltür ebenfalls öffnet.

Freigehege und Fütterung

Junge Strauße verbringen ihre Tage selbst bei Regen und Kälte überwiegend im Freien. Abgesehen von wenigen Ruhephasen oder Aufenthalten im Sandbad sieht man sie stundenlang mit großem Eifer Gras rupfen. In diesem Alter können sie das Weidefutter auch schon optimal verwerten, d. h. eine schöne große Wiese mit hohem Kleeanteil und dazu viel Bewegung und natürliches UV-Licht sind die besten Voraussetzungen für das gute Gedeihen der Tiere.

Das Weidefutter ist nun zum Hauptfutter der Tiere geworden. Das Zusatzfutter ist nur noch die Ergänzung und wird rationiert, d. h. in begrenzter Menge angeboten (siehe Kapitel Fütterung), und die Tagesration wird auf mehrere Gaben am Tag verteilt. Mit Beginn des dritten Lebensmonats stellt man die Tiere von Kükenfutter auf Jungtiermischung um, indem man im Lauf von zehn Tagen immer größere Anteile des neuen Futters in das gewohnte einmischt. Bei Straußen sollte ein Futterwechsel niemals auf einmal, sondern immer „schleichend" erfolgen. Alle Tiere einer Gruppe müssen auch gleichzeitig fressen können, d. h. im Stall sollten unbedingt Futterplätze in ausreichender Menge vorhanden sein, sonst werden dominante Tiere immer kräftiger und verfetten sogar, was ihre Fleischqualität deutlich senkt, und zurückhaltendere Tiere immer schwächer, und die Gruppe wächst stark auseinander.

Mähen ist auch im belegten Gehege möglich – mit Vorsicht

Praxis-Tipp

Die Weide der Jungstrauße sollte im späten Frühjahr gemäht werden und im Lauf der Hauptvegetationszeit noch mehrfach. Diese Weidepflege sorgt dafür, dass die Tiere immer zarten, frischen und nie zu hohen Aufwuchs haben, außerdem verhindert man dadurch das Aussamen und die Verbreitung unerwünschter Pflanzen wie z. B. das giftige Jakobskreuzkraut. Letzteres sollte man sogar ausstechen oder ausrupfen, damit es völlig verschwindet. Auf den Jungtierweiden muss das Mähgut entfernt werden; bei erwachsenen Straußen kann man sogar mulchen und das Gras dann liegen lassen – vorausgesetzt, man macht dies regelmäßig, und die gemulchte Grasschicht liegt nicht zu dick, sonst kann sie schimmeln.

In trockenen Phasen im Sommer empfiehlt es sich, die Weide gegen Abend zu beregnen. Das kann man sogar in Anwesenheit der Strauße machen, die einen kleinen Duschstrahl zwischendurch sehr zu schätzen wissen. Man kann ihnen sogar in einer Geländekuhle ein kleines Bad einlaufen lassen, das dann nach wenigen Stunden wieder abgetrocknet ist. Ein permanenter Badesee wäre den Straußen höchst willkommen, eignet sich aber weniger, da stehendes Wasser verschmutzt und zur Gesundheitsgefahr werden kann.

Im Spätsommer oder Frühherbst, wenn das Vegetationswachstum sich verlangsamt, sollte man die Jungstrauße an Wiesenheu gewöhnen, das im Winter ad libitum als Ersatz für frisches Weidegrün eingesetzt wird. Für junge Tiere muss das Heu auf eine Länge von 3–5 cm gehäckselt werden. Ideal ist es, kurz geschnittenes Luzerneheu in gewöhnliches Wiesenheu einzumischen und somit den Eiweißanteil zu erhöhen. Sollten die Tiere das Heu zunächst verschmähen, kann man zusätzlich frisches Grün untermischen und das Futter in einem Trog im Freien, z. B. unter dem Vordach, anbieten. Dort ist die grüne Farbe sichtbarer, und das neue Futter wird sicher in Kürze akzeptiert.

Hygiene

Auch der Lebensbereich von Jungstraußen sollte möglichst sauber gehalten werden. Das Strohbett im Unterstand wird gesäubert und überstreut, wenn die Tiere morgens ins Freie gehen. Letzteres ist übrigens jeden Morgen ein echtes Schauspiel: Die Strauße rennen aus Freude mit voller Kraft, toben, brechen in minutenlangen, wilden Tanz aus, werfen sich auch immer wieder schelmisch auf den Boden, springen abrupt wieder auf und scheinen sich kaum noch beruhigen zu wollen. Erst Minuten später gehen sie allmählich zum Weiden über.

Abends, wenn die Tiere wieder im Unterstand sind, sollte der Außenbereich von Kot und Futterresten gereinigt werden. Futter-und Wassertröge werden ausgeschrubbt und zum Trocknen aufgestellt. Niemals werden frisches Wasser und Futter in schmutzige Tröge gefüllt oder frisches Futter auf altes geschüttet. Die alte Schicht wird gärig und schimmlig und somit lebensgefährlich für die Tiere. Abgestandenes, schmutziges und noch dazu warmes Wasser verwandelt sich in eine Bakteriensuppe. Auch neu angeliefertes Futter muss auf Sauberkeit und Frische geprüft werden, ebenso dürfen Heu und Stroh nicht modrig oder sporig sein.

Praxis-Tipp

Die Strauße brauchen ständig frisches Wasser, außer in der Nacht. In den Anfangsjahren der israelischen Straußenzucht glaubten Farmer, Strauße als „Wüstentiere“ benötigten kein oder nur sehr wenig Wasser. Nach Tierverlusten wurde dann der Flüssigkeitsbedarf der Tiere wissenschaftlich ermittelt. Dabei stellte sich heraus, dass ein Jungtier für eine optimale Entwicklung bis zu 9 l Wasser am Tag benötigt, erwachsene Tiere im Extremfall bis zu 20 l.

Schmutzig-matschige Stellen im Gehege und die viel begangenen Wege entlang der Zäune verfüllt man, sobald sie abgetrocknet sind, am besten regelmäßig mit einem Gemisch aus Sand und Kieselsteinen. Dadurch werden häufig verschlammte Stellen stabilisiert; gleichzeitig haben die Tiere ein Angebot an Magensteinen und können sich die für sie passende Größe aussuchen.

Praxis-Tipp

Ein Farmer muss streng darauf achten, dass keine Erreger von außen in den Betrieb eingeschleppt werden. Müssen fremde Transportfahrzeuge, etwa Futterlieferanten, in den Tierbereich einfahren, werden die Reifen mit Desinfektion abgesprüht. Besucher- und Arbeitswege sollten sich nicht überschneiden und die Besucher die Tiere nicht berühren: Hände und Schuhe können Krankheitserreger übertragen, vor allem, wenn Besucher zu Hause gerade noch z. B. ihre Hühner gefüttert oder den Papagei gekrault haben. Doppelzäune sind zwar zunächst doppelt so teuer, aber langfristig machen sie sich sicher bezahlt.

11 Fütterung und Rationsgestaltung

Obwohl Strauße schon seit Mitte des 19. Jahrhunderts als Nutztiere in großen Beständen auf Farmen gehalten werden, ist ihr Nährstoffbedarf nur in sehr geringem Umfang wissenschaftlich ermittelt. Daher beruhen die bekannten Daten auf Erfahrungswerten von Farmern und eigenen Versuchen verschiedener Institute.

Grundsätzlich ist es wichtig zu wissen, dass Strauße pflanzliche Nahrung bevorzugen und auch außerordentlich gut verarbeiten können. In freier Wildbahn ist der Strauß ein wählerischer Futtersucher, der mit Vorliebe weiche dickwandige Blätter und Kräuter bevorzugt. Bei reduzierterem Angebot frisst er aber auch ganze Grasbüschel und Baumtriebe.

Der Weg, den die Nahrung im Straußenkörper nimmt, und die Verweildauer von bis zu 40 Stunden ermöglichen dem Strauß auch die Aufspaltung von Zellulose zu verdaulichem Zucker. Die Nahrung wird im Drüsenmagen mit Verdauungssaft durchsetzt und gelangt dann in den Muskelmagen. Hier wird sie durch Muskelkontraktionen und mit-

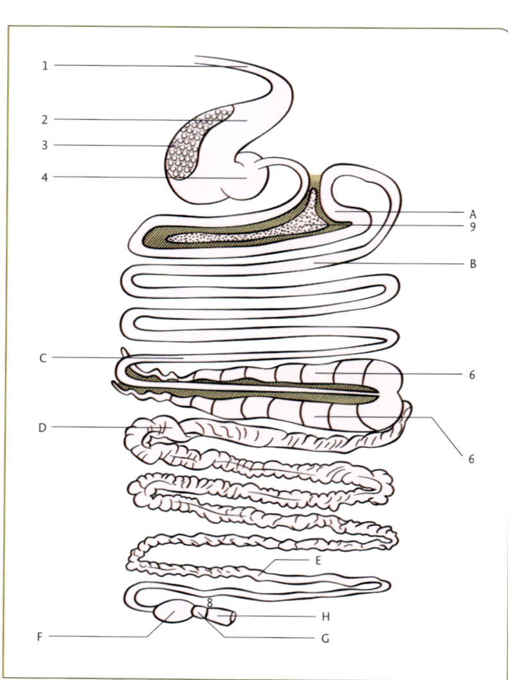

Verdauungstrakt des Straußes
1 Speiseröhre
2 Vormagen
3 Drüsenregion
4 Muskelmagen
5 Dünndarm
A) Duodenum
B) Jejunum
C) Ileum
6 Blinddärme
7 Dickdarm
D) Colon
E) Rektum
8 Kloake
F) Koprodaeum
G) Urodaeum
H) Proctodaeum
9 Pankreas

hilfe der dazu eigens aufgenommenen Steine zerkleinert. Durch die andauernde Nutzung werden die Steine im Muskelmagen zerrieben und müssen daher auch ständig ersetzt werden.

Die Darmlänge des Straußes beträgt etwa das 25fache seiner Körperlänge. Die paarig angelegten Blinddärme von jeweils rund 1 m Länge bilden zusätzliche Gärkammern. Zusammen mit dem langen Darm kann das Futter daher, ähnlich wie bei einem Wiederkäuer, mikrobiell abgebaut werden, so sind auch sehr faserreiche Futterrationen für den Strauß ohne weiteres zu verdauen – einzigartig bei Geflügel und eher mit den Verdauungseigenschaften von Pferd oder Kaninchen zu vergleichen. Diese Fähigkeit zur Rohfaserverwertung entwickelt sich im Laufe der Wachstumsphase. Bereits in der 10. Lebenswoche ist der Strauß in der Lage, 50 % einer Faserration in Energie umzuwandeln.

Nach Aufschluss der Nahrungsbestandteile und Verwertung der verdaulichen Anteile verlassen die Abbauprodukte den Körper wieder über die Kloake. In sie münden zudem der Harnleiter sowie der Samen- oder der Eileiter, dennoch werden Kot und Harn getrennt abgesetzt.

Die Beurteilung der Beschaffenheit von Harn und Kot kann Auskunft über Verdaulichkeit der Ration, Wasseraufnahme und Gesundheit des Verdauungsapparates geben.

In Mitteleuropa gehaltene Strauße genießen den unschätzbaren Vorteil, ganzjährig auf der Weide das Grundfutter zu finden, das den Erhaltungsbedarf der Tiere decken kann. Dazu ist natürlich ausreichend Fläche pro Tier unbedingt notwendig. Weitere Leistung wie Wachstum, Muskelentwicklung oder Eiablage wird durch zusätzliches geeignetes Ergänzungsfutter ermöglicht.

Praxis-Tipp

Der Strauß bringt von allen als Nutztier gehaltenen Tierarten das höchste Wachstumspotenzial mit. Dieses muss bei der Fütterung unbedingt berücksichtigt werden.

Durchschnittlicher Tagesbedarf an Ergänzungsfutter

	Alter in Monaten	Lebendgewicht in kg	tägl. Futterbedarf in g
Küken	bis 2,5	bis 15 kg	bis 360 g
Jungtiere	bis 6	bis 60 kg	bis 800 g
	bis 11	bis 80 kg	bis 1000 g
	bis 14	bis 100 kg	bis 1000 g
Zuchttiere Ruheperiode	älter als 14	100–120 kg	bis 1200 g
Zuchttiere Legeperiode	älter als 30	ab 120 kg	bis 1500 g

Nährstoffe in den Futtermitteln sind Kohlenhydrate, Proteine und Fette, Vitamine und Mineralstoffe sowie Spurenelemente. Sie werden aus unterschiedlichen Futterkomponenten gewonnen.

- Kohlenhydrate sind die Energielieferanten. Die Angabe über die Menge an verwertbarer Energie im Futter wird als umsetzbare Energie (UE) bezeichnet und in MJ pro kg Futter gemessen. Für Strauße liegen Messungen dieser Art noch nicht vor, sodass häufig Werte aus der Geflügel- oder Schweinefütterung genommen werden. Hierbei ist aber die Menge an UE für den Strauß zu hoch angegeben, da er durch seine überdurchschnittliche Rohfaserverwertung mehr Energie aus der Ration beziehen kann.
- Proteine sind für Entwicklung und Wachstum besonders wichtig. Sie sind aus Aminosäuren zusammengesetzt, wobei die essenziellen Aminosäuren Lysin und Methionin einen besonders hohen ernährungsphysiologischen Wert haben. Daher sollten diese in den Rationen mit 3 % der gesamten Proteinration enthalten sein. In Rationsangaben werden alle Proteine insgesamt als Rohprotein in Prozent aufgeführt.
- Im Futter enthaltenes Fett wird als Rohfett ebenfalls in Prozent angegeben und sollte regulär nicht über 3 % der Ration betragen. Besonders bei Küken und Jungtieren kann ein erhöhter Fettanteil zu Verdauungsstörungen und Durchfällen führen.

Praxis-Tipp

Der genaue Bedarf an Vitaminen und Mineralstoffen bei Straußen ist noch nicht vollständig ermittelt, es ist jedoch bekannt, dass eine Unterversorgung zu starken Stoffwechselstörungen führt. Diese schlagen sich besonders in Mängeln bei der Skelettentwicklung, in Fruchtbarkeitsstörungen und Immunschwächen sowie deutlichen Entwicklungsverzögerungen nieder.

Viele Erkrankungen von Straußen lassen sich auf Mangelerscheinungen durch Fütterungsfehler zurückführen. Die Futterration muss daher während des gesamten Jahres auf die Bedürfnisse der Tiere abgestimmt sein. Dies gilt vor allem für die Mineral-Vitamin-Vormischung, die dem Ergänzungsfutter zur Grünfutterration beigegeben wird. Handelsübliche Vormischungen für Schweine, Rinder, Pferde oder anderes Geflügel, die den Bedarfszahlen für Strauße nicht entsprechen, sind ungeeignet.

Um die optimale Versorgung der Tiere mit Vitaminen, Mineralstoffen und auch Spurenelementen sicherzustellen, ist es wichtig, ein Ergänzungsfutter zu mischen, das die Vitamine und Mineralien in den Grundfuttermitteln der jeweiligen Region ausgleicht bzw. ergänzt. Dazu bedarf es aber Bodenproben, die Aufschluss über den Gehalt des Weidebewuchses und Analysen der Einzelkomponenten des Ergänzungsfutters geben. Ein Beispiel: In Gebieten, in denen Boden und

Die Ergänzung zum Weidefutter muss stimmen

Pflanzen niedrige Selenwerte aufweisen, muss der Selenwert im Ergänzungsfutter entsprechend erhöht werden.

Der Strauß besitzt eine große Adaptionsfähigkeit an unterschiedliche Standorte und Futtergrundlagen, deshalb kann man ihn sehr gut mit betriebseigenen Futtermitteln versorgen. Bei der Zusammensetzung des Ergänzungsfutters sollten aber einige grundsätzliche Faktoren berücksichtigt werden:

- Es muss selbstverständlich sein, dass nur einwandfreie Futtermittel verfüttert werden. Der Strauß reagiert sehr empfindlich auf verdorbenes Futter und kann z. B. bei Pilzbefall schnell umfangreiche Störungen des Allgemeinbefindens zeigen.
- Die Rationsgestaltung muss immer den Erhaltungsbedarf sowie den jeweiligen Leistungsbedarf abdecken. Sie muss dem Alter und der Nutzung der Tiere angepasst sein und somit Wachstum und Vermehrung genauso berücksichtigen wie reine Erhaltungsperioden.
- Bei Küken und Jungtieren muss die geringere Rohfaserverwertung beachtet werden, das Futter sollte leichter verdaulich sein.
- Ein bestimmter Anteil an Rohfaser sollte sich jedoch in jeder Ration befinden, er ist unverzichtbar für die Verdauung und senkt das Risiko der Fremdkörperaufnahme wie Sand, zu große Steine oder zu lange Grashalme deutlich.
- Bei ausgewachsenen Tieren kann der Rohfaseranteil der Ergänzungsration bis zu 30 % betragen. Trotzdem werden Strauße frisches, saftiges Futter bevorzugen, besonders mehrblättrige Pflanzen wie z. B. alle Kleesorten und Luzerne.
- Strauße können auch gut Silage verdauen. Sollte diese zur Verfügung stehen, ist sie als Rationsanteil geeignet. Die Erfahrung zeigt

jedoch, dass Strauße die Aufnahme selber limitieren und so in der Ration ein Anteil von etwa 15 % nicht überschritten werden sollte.
- Ein gewisser Grünfutteranteil erhöht die Schmackhaftigkeit jeder Ration. Das Futter sollte aber zur besseren Aufnahme und Verdaulichkeit grob gehäckselt sein, da zu langfaseriges Futter die Gefahr der Knäuelbildung im Drüsenmagen birgt. Besonders bei Jungtieren empfiehlt sich auch das grobe Schroten des Körneranteils der Ration.
- Grundsätzlich ist es von Vorteil, das Ergänzungsfutter aus möglichst vielen Einzelkomponenten zusammenzustellen. Dies sichert die ausreichende Versorgung mit Vitaminen und Mineralstoffen leichter und ist zudem auch wirtschaftlicher im Einkauf.
- Ein abrupter Futterwechsel ist immer zu vermeiden, er kann die Verdauungsorgane der Tiere so stark belasten, dass eine Futterverweigerung und Mangelversorgung die Folge ist. Bei Zuchttieren stört er das Fortpflanzungsverhalten und die Legeleistung, sodass schlechte Brutergebnisse zu erwarten sind.

Inzwischen werden von Futtermittelherstellern immer mehr „Alleinfutter" für Strauße angeboten. Obwohl ihre Nährstoffgehalte in Einzelfällen einigermaßen gut zum Strauß passen, sind sie als Alleinfutter keinesfalls zu verwenden, denn der erhöhte Rohfaser-, Vitamin- und Mineralstoffbedarf der Strauße gegenüber anderen Tierarten wird oft nicht ausreichend berücksichtigt. Außerdem dürfen keinesfalls Futtermittel aus der Geflügelfütterung verwendet werden, wenn diese mit Kokzidiostatika versetzt sind. Diese Zusätze sind für Strauße hochgiftig.

Praxis-Tipp

Strauße sollten immer frisches klares Wasser zur freien Verfügung haben. Sie reagieren empfindlich auf schlechte Wasserqualität, besonders Küken dürfen nie abgestandenes lauwarmes Wasser trinken. Aus noch ungeklärten Gründen können sie daran rasch verenden. Da die Kleinen außerdem bei Langeweile dazu neigen, zu viel Wasser zu trinken und davon Durchfall bekommen, ist es besser, ihnen mehrfach täglich frisches Wasser anzubieten und das alte zu entfernen.

Pelletiertes Futter: teuer und oft ungeeignet

Für eine optimale Verdauung benötigt der Strauß auch Steine in seinem Muskelmagen, abhängig von Größe und Qualität der Steine muss er immer wieder mehr oder weniger häufig Steinchen aufnehmen. Dies beginnt schon bei den Küken im Alter von einigen Tagen. Steine sind lebensnotwendig, da ansonsten eine Muskelmagenverstopfung auftreten und zum Tode führen kann. Bei einem ausreichenden und gut über die Weide verteilten Angebot an Steinen weiß jedes Tier recht gut selber, wie viele und in welcher Größe es Steine aufnehmen muss. Als Regel gilt, dass die Steine etwa halb so groß wie die Zehenkralle sein sollen.

Zuchthennen sollte während der Legeperiode als zusätzliche Calcium- und Jodquelle Muschelschalengrit zur Verfügung stehen. Der Grit wird im Stall in einem separaten Behälter angeboten. Keinesfalls darf er dem Ergänzungsfutter untergemischt werden, da er dann auch vom Hahn gefressen und bei ihm zu einer Überversorgung mit Calcium führen würde. Zu viel Calcium gefährdet aber die Fruchtbarkeit des Hahnes.

Praxis-Tipp

So wichtig ein ausgewogenes Ergänzungsfutter für eine gesunde und bedarfsgerechte Fütterung ist: Die wesentliche Futtergrundlage müssen Strauße auf ihrer Weide finden. Daher ist ganzjährige Weidehaltung unabdingbare Grundvoraussetzung einer artgerechten Straußenhaltung. Der Stall darf ausschließlich Zufluchtsstätte und gegebenenfalls Schlafplatz sein, aber keinesfalls Dauerunterkunft!

Praxis-Tipp

Je größer die gesamte Weidefläche und die Zahl der Gehege sind, die für den Weidegang zur Verfügung stehen, desto besser kann man bei Küken und Jungtieren durch rechtzeitigen Umtrieb das Überweiden der Grasnarbe verhindern. Auf diese Weise werden das Aufnehmen von Erde und das damit verbundene Risiko einer Infektion mit Erdkeimen deutlich verringert.

Der „ruhende“ Weideabschnitt nach Neuansaat mit wertvollen Weideanteilen wie Rotklee oder Luzerne hat auch wieder Zeit, einen guten Aufwuchs zu entwickeln. Langer Weidebewuchs, der von den Tieren nicht gefressen wurde, sollte regelmäßig gemäht werden. Auf diese Weise wird der Bestand an mangelhaftem Bewuchs deutlich reduziert.

Praxis-Tipp

Sehr wichtig ist die regelmäßige Überprüfung der Weideflächen auf Giftpflanzen. Immer wieder wird bei Untersuchungen von verendeten Tieren eine zum Teil chronisch veränderte Leber festgestellt. In diesem Zusammenhang ergaben Weidekontrollen mehrfach Bewuchs mit verschiedenen toxinhaltigen Pflanzen

Mangelhafte Weidepflege gefährdet die Tiergesundheit

wie Solanum, Jacobskreuzkraut, Kälbertaumel und Herbstzeitlosen, auch Efeu oder Buchs- und Thujahecken wurden vorgefunden. Ob und in welchem Maß eine konstante Aufnahme dieser Pflanzen oder Pflanzenanteile zu welchen Schäden bei den Straußen führt, muss noch geklärt werden. Auffallend ist in jedem Fall, dass die Organveränderungen vielfach Tiere betrafen, die unkontrolliert über mehrere Jahre Zugang zu diesen Pflanzen und die Weiden auch deutlich abgeweidet hatten.

Kükenfütterung und Rationsgestaltung

Der Weidegang ist schon bei Straußenküken ein notwendiges Ritual. Zum einen fördert die Bewegung die Entwicklung der Gliedmaßen und die Verdauung, zum anderen ist das Grünfutter zunehmend wichtiger Bestandteil der gesamten Futterration. In den ersten Tagen sollte die Weidezeit auf 2–3-mal täglich eine halbe Stunde beschränkt sein. Dabei ist darauf zu achten, dass die Weide vollständig abgetrocknet ist. Regen- oder taunasse Weiden können zu Kükenverlusten führen.

Küken bevorzugen leicht verdauliches, rohfaserarmes, aber energiereiches Futter. Als Grünfutterzusatz eignen sich besonders gehäckselte junge Brennnessel und junger Löwenzahn.

Praxis-Tipp

Niemals sollten Küken heißhungrig auf eine Weide gelassen werden, es droht sonst die Gefahr einer Magenüberladung.

Während der ersten acht Lebenswochen wird bevorzugt ein leicht verdauliches und gleichmäßig geschrotetes Kükenfutter gegeben, da die Küken auf diese Weise keine einzelnen Bestandteile herauspicken können. Die Futtermenge beträgt etwa bis 3 % des Lebendgewichts der Tiere. Das Kükenfutter besteht gewöhnlich aus allen Komponenten des Ergänzungsfutters für alle Altersstufen, allerdings wird bei den Küken nur getoasteter und somit leichter verdaulicher Mais sowie zusätzlich ein Proteinmix verwendet.

Es hat sich bewährt, das Kükenfutter ad libitum anzubieten. Gleichzeitig sollten die Küken so früh als möglich kurzzeitig auf die Weide kommen. Ab der zweiten Lebenswoche ist abhängig von der Witterung möglichst ganztägiger Weidegang anzubieten.

Jungtierfütterung und Rationsgestaltung

Als Jungtiere werden die Strauße zwischen der 9. Lebenswoche und dem 12. Lebensmonat bezeichnet. Nach Erreichen der Schlachtreife, oder wenn sie als Zuchttiere eingesetzt werden sollen, muss die Futterration entsprechend angepasst werden.

Bei der Jungtieraufzucht muss man das enorme Wachstumspotenzial berücksichtigen und mit geeignetem Ergänzungsfutter unterstützen. Allerdings birgt eine zu energiereiche Ration auch die Gefahr einer übermäßigen Massenzunahme, die Gliedmaßenknochen und -gelenke überfordert. Es kann dann rasch zu Deformationen im Skelett kommen, die meist nicht mehr korrigiert werden können. Daher muss immer auf ein ausgewogenes Verhältnis von Weidegang und zusätzlichem Ergänzungsfutter geachtet werden. Die Tiere sollen weder „großgehungert" noch gemästet werden!

Zusammensetzung einer Kükenration	
Rationsbeispiel für Kükenfutter	
Rohprotein	18 %
Rohfaser	11 %
Umsetzbare Energie	64 %
Fett	3 %
Calcium	2,30 %
Phosphor	0,70 %
Natriumchlorid	1 %
sowie Vitamin- und Mineralstoffmischung	

Kükenfutter muss geschrotet sein

Zusammensetzung einer Jungtierration	
Rationsbeispiel für Jungtierfutter	
Rohprotein	17 %
Rohfaser	20 %
Umsetzbare Energie	56 %
Fett	3 %
Calcium	2,30 %
Phosphor	0,70 %
Natriumchlorid	1 %
sowie Vitamin- und Mineralstoffmischung nach Bedarf	

Knochendeformation als Folge falscher Fütterung

Ab dem sechsten Lebensmonat liegt die Rohfaserverwertung bei 50 %. Daher wird die allgemeine Futterverwertung etwas sinken. Dies gilt naturgemäß auch für die anfänglichen Zuwachsraten. Die Rationsgestaltung sollte diesen erhöhten Rohfaserbedarf einberechnen, dauernder Weidegang ist unverzichtbar.

Die zusätzlich anzubietende Menge an Ergänzungsfutter beträgt etwa 1 % des Lebendgewichts. Mit Zunahme der Rohfaserverwertung kann der Rohfaseranteil in der Ergänzungsfutterration auf 30 % gesteigert werden.

Fütterung der Finisher

Die Fütterung der Jungtiere bis zur Schlachtreife dauert je nach Rasse längstens bis etwa zum 10. bzw. 12. Lebensmonat. Hier ist die Fütterung während der Sommer- und Wintermonate gleichbleibend. Erst nach Erreichen der Schlachtreife bezeichnet man die Tiere als „Finisher“. Sie sind nun ausgewachsen und sollen von jetzt an bis zur Schlachtung lediglich in guter Körperkondition erhalten werden. Eine gute Finisher-Ration entspricht der der Zuchttiere in der Erhaltungsphase, also außerhalb der Brutsaison, um eine unerwünschte Verfettung der Tiere zu vermeiden.

Zusammensetzung einer Erhaltungsration	
Rationsbeispiel für Finisher- bzw. Erhaltungsfutter	
Rohprotein	13 %
Rohfaser	41 %
Umsetzbare Energie	39 %
Fett	3 %
Calcium	2,30 %
Phosphor	0,70 %
Natriumchlorid	1 %
sowie Vitamin- und Mineralstoffmischung nach Bedarf	

Zusammensetzung einer Legeration	
Rationsbeispiel für Zuchttierfutter in der Legephase	
Rohprotein	15 %
Rohfaser	35 %
Umsetzbare Energie	42 %
Fett	3 %
Calcium	3 %
Phosphor	1 %
Natriumchlorid	1 %
sowie Vitamin- und Mineralstoffmischung nach Bedarf	

Zuchttierfütterung

Bei den Zuchttieren muss die Ration dem aktuellen Leistungsstand angepasst werden. Man unterscheidet die Phasen zwischen den Legeperioden sowie der eigentlichen Legezeit. Direkt vor Beginn der Balzzeit füttert man schon im Hinblick auf einen erhöhten Leistungsbedarf, auch nach Abschluss der Legezeit darf die Ration nicht sofort verringert werden. Die Tiere haben in der Brutphase auch einen gesteigerten Bedarf an Vitaminen und Mineralstoffen. Die Zufuhr an essenziellen Aminosäuren sollte ebenfalls etwas erhöht werden. Auch eine Verfettung der Zuchttiere muss man vermeiden, denn diese senkt die Fruchtbarkeitsrate.

Außerhalb der Brutsaison muss nur der Erhaltungsbedarf gedeckt werden. In dieser Zeit sollte die Ration einen hohen Rohfaseranteil, jedoch gesenkte Energie- und Proteinanteile beinhalten. Zur Stärkung der Zuchttiere empfiehlt es sich, eine zusätzliche Vitamin- und Mineralstoffkur vor und nach der Legezeit durchzuführen. Das Rationsbeispiel für Zuchttiere in der Zwischenbrutphase finden Sie in der Tabelle „Erhaltungsration“.

Leistungsgerechte und gesunde Fütterung ist die Grundlage einer wirtschaftlich erfolgreichen Haltung von Straußen. Daher bleibt zu hoffen, dass künftig vermehrt wissenschaftliche Fütterungsversuche durchgeführt werden, und deren Ergebnisse möglichst bald verfügbar sind.

Wenn es in Straußenhaltungen zu gehäuft auftretenden gesundheitlichen Problemen oder mangelnden Schlachtergebnissen kommt, sollte zuerst die Fütterung sehr genau überprüft und hinterfragt werden. Fast 95 % der Probleme resultieren erfahrungsgemäß aus Fehlversorgung durch falsches oder mangelhaftes Futter.

Nachbarschaft lockt: zu viel Abtritt am Einfachzaun

12 Gesundheitliche Probleme und Vorbeugung

Seit in Mitteleuropa vor etwa 25 Jahren die ersten Straußenfarmen gegründet wurden, sind die Kenntnisse über Haltungsbedürfnisse und gesundheitliche Probleme bei den Laufvögeln kontinuierlich gewachsen. Die Kontrolle und Erhaltung der Tiergesundheit kann heute durch gutes Farmmanagement, optimale Haltungsbedingungen, regelmäßigen Umgang mit den Straußen und eine gute Zusammenarbeit mit dem betreuenden Tierarzt gewährleistet werden. Bei Problemen allerdings, die ihre Ursache in mangelnder Fachkenntnis der Halter beim Füttern haben, beruhen auch Erkrankungen und Verletzungen zu 95 % auf Managementfehlern und haben nur zu 5 % andere Ursachen.

Stalltechnik, Fütterungspraxis und Weidegröße sind die wichtigsten Faktoren, die ständig überprüft werden müssen, um die Gesunderhaltung der Tiere zu sichern. Der Strauß als größter flugunfähiger Vogel ist ein Fluchttier, das seine Nahrung in kleineren Gruppen auf größerem Gelände sucht. Daher ist es grundsätzlich wichtig, Strauße nur zu halten, wenn man ihnen artgerechte Haltungsbedingungen bieten kann, u. a. große Flächen zur Nahrungssuche in Gesellschaft von Artgenossen.

Stress ist ein weiteres Kernproblem. Besonders bei Küken sind Stressereignisse in den allermeisten Fällen Grundursache für Erkrankungen. Da auch hierüber bisher nahezu keine wissenschaftlichen Veröffentlichungen vorliegen, wird dieser Punkt als Risikofaktor meist unterschätzt und vernachlässigt.

Praxis-Tipp

Der Strauß kann Krankheiten wie Salmonellose, Clamydiose, Tuberkulose u. a. theoretisch auch auf den Menschen übertragen. Bis heute ist zwar kein Fall bekannt, doch bedeuten mangelhafte Haltungsbedingungen ein verstärktes Risiko. Auch die typischen Vogelkrankheiten wie die klassische Geflügelpest, die Geflügelpocken oder die Newcastle-Krankheit sind eine potenzielle Gefahr. Diese Erkrankungen, die sich erst durch die industrielle Massenhaltung von Geflügel zu einem Problem ausgewachsen haben, werden in der Straußenhaltung allerdings so lange keine Rolle spielen, wie eine mit angeblich wirtschaftlichen Zwängen begründete Stallhaltung von Straußen verhindert wird!

Im Fall einer Erkrankung bzw. Auffälligkeit liegen genaue Diagnose und Behandlung natürlich in der Verantwortung des Tierarztes. Der Tierhalter muss seine Tiere jedoch intensiv beobachten und den Tierarzt so präzise wie möglich über Auffälligkeiten informieren. Dies ist besonders wichtig, weil der Strauß für die praktizierenden Tierärzte vielfach ein unbekannter Patient ist. Nur der Tierhalter ist daher – tägliche Kontrolle vorausgesetzt – auch in der Lage, Veränderungen schnell wahrzunehmen. Diese Beobachtungen und Untersuchungen sollte der Tierhalter möglichst nach einem festen Arbeitsschema durchführen und auch dokumentieren, dabei müssen vor allem Verhalten, Bewegung und Aussehen der Tiere in der Gruppe und als Einzeltier beurteilt werden.

Das Verhalten der Tiere sollte möglichst der jeweiligen aktuellen Situation angemessen sein, alarmierend sind deutliche Veränderungen bei der Aufnahme von Wasser und Futter, teilnahmslose, desinteressierte oder in unüblicher Haltung stehende Tiere. Strauße, die länger unruhig sind oder liegen, während die restliche Gruppe steht bzw. weidet, sollten ebenso aufmerksam beobachtet werden wie Tiere mit abweichender Körpersymmetrie. Vergleichende Beobachtungen und anschließend vergleichendes Betasten sind für die Beurteilung von Veränderungen bei den Tieren sehr wichtig.

Praxis-Tipp

Besonders wichtig ist, die Atmung zu begutachten, da der Atmungstrakt bei Vögeln für verschiedene Erkrankungen sehr anfällig ist, und veränderte Atmung auch Anzeichen für Stress unterschiedlichster Ursache sein kann. Die in Ruhe und im Stand beobachtete Atmung sollte frei sein und ohne deutliche Anspannung in der Körperhaltung, also beispielsweise ohne Öffnen des Schnabels bei gestrecktem Hals und abgespreizten Flügeln, bei 3–5 Atemzügen pro Minute liegen. Jungtiere erreichen leicht das Zehnfache als Normalwert. Neben der Beobachtung der Tiere ist auch in der Umgebung auf mögliche Stressoren oder Gefahrenquellen zu achten.

Nach der Beobachtung erfolgt, wenn nötig, die Untersuchung des Tieres: von oben nach unten, von vorne nach hinten. Dokumentieren Sie in jedem Fall Ihre Wahrnehmungen, mit Datum und Zeitpunkt der Untersuchung – und allen noch so nebensächlich wirkenden Auffälligkeiten!

Praxis-Tipp

Regelmäßiger und ruhiger Umgang mit den Tieren senkt ihre natürliche Scheu vor dem Menschen und erleichtert so eine eventuelle Behandlung ganz wesentlich.

Untersuchungsvorgang am Strauß

Um Verletzungen durch Aufregung und Stress zu vermeiden, sollte der Strauß mit der Fanghaube geblendet sein und nur im Stall oder im Transportanhänger untersucht werden, dies ist bei einem Jungvogel gut möglich, wenn er durch eine oder zwei vertraute Personen gehalten wird. Ein älteres Tier sollte für umfangreichere Untersuchungen entweder in einer Behandlungsbox fixiert oder besser von mehreren Personen in einer Stallecke gehalten werden, dazu wird der Strauß von vorne in eine Ecke geführt und am seitlichen oder rückwärtigen Ausweichen durch 2–3 Personen gehindert.

- Zunächst sollten Haut und Gefieder untersucht werden. Ein gesunder Strauß widmet der Gefiederpflege viel Zeit. Schlechtes Gefieder und kahle Hautstellen können durch Parasiten oder Verletzungen, aber auch durch das Alter, mangelhafte Weide sowie durch Fütterungsfehler bedingt sein.
- Am Kopf werden Haltung, Augen, Schnabel sowie Nasen- und Ohröffnungen untersucht. Alles sollte klar und frei von Auflagerungen

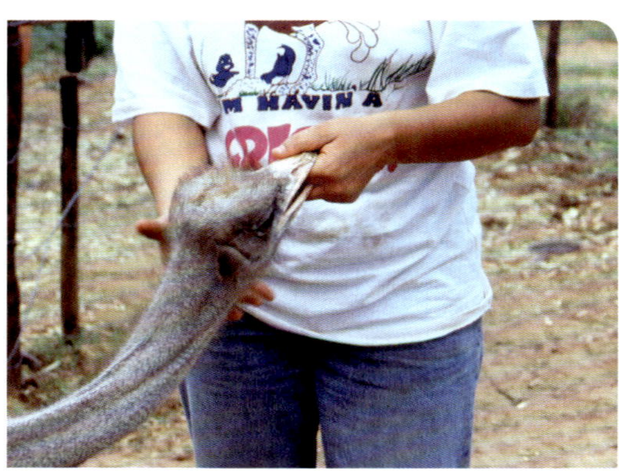

Tierärztliche Untersuchung in Zimbabwe

sein. In den Ohröffnungen sitzen mitunter Zecken, die man vorsichtig entfernen muss. Das Schnabelinnere ist normalerweise gleichmäßig feucht, ohne Beläge, Hautveränderungen, Bläschen oder Schleimansammlungen. Der Hals mit der Speiseröhre muss gegebenenfalls auf Fremdkörper durchgetastet werden.

- Die Knochen von Wirbelsäule und Brustkorb kann man auf Verdickungen hin betasten. Eine Knochenveränderung, z. B. durch Mangelernährung bedingt, kann auch zur Beeinträchtigung der Atmungsorgane führen. Am Brustkorb können zu starke Fettauflagerungen gut festgestellt werden, an der Bauchseite des Rumpfes zum Brustkorb hin ist der Drüsenmagen zu betasten.
- Der Strauß besitzt einen sehr leistungsfähigen, aber auch zum Teil empfindlichen Magen-Darm-Trakt. Beim Betasten des Magens sollte auf harte Fremdkörper bzw. Verdickungen geachtet werden: Anzeichen für eine übersteigerte Aufnahme von Sand und Steinen oder große Ansammlungen von faserreichem Futter, die man vor allem bei jüngeren Tieren deutlich spüren kann. Im hinteren Abschnitt der Bauchseite des Rumpfes kann man den Darm mit seinem Inhalt betasten.
- Die Beurteilung der Kloakenöffnung und die sie umgebenden Federn ermöglichen Rückschlüsse auf Kotbeschaffenheit und eventuelle Durchfallerkrankung. Zur Geschlechtsbestimmung wird die Kloake geöffnet, um die Geschlechtsorgane zu untersuchen.

Praxis-Tipp

Das sogenannte Sexing, also das Bestimmen des Geschlechts schon kurz nach dem Schlupf durch Ausstülpen der Kloake, sollte nur in Ausnahmefällen von sehr erfahrenen Personen durchgeführt werden. Wesentlich einfacher ist es, das Geschlecht während des Kotens bzw. Abharnens durch Beobachtung zu bestimmen. Bereits bei Küken, die nur wenige Tage alt sind, lässt sich der Penisansatz des Hahns vielfach ganz eindeutig identifizieren. Schon wenige Beobachtungen reichen erfahrungsgemäß aus, um den Unterschied zwischen der weiblichen Klitoris und dem männlichen Penis zu erkennen. Die Fehlerquote ist bei dieser Methode nicht wesentlich höher, doch ist das Verfahren ungleich schonender für das Tier.

- Bei kranken oder fest sitzenden Tieren kann die Kloakenöffnung mit Maden befallen sein, die unverzüglich mit geeigneten Mitteln entfernt werden müssen.
- Die Gliedmaßen sollten auf Symmetrie und Funktionsfähigkeit untersucht, die Gelenke und Sehnen vergleichend betastet und die Bemuskelung beurteilt werden. Zehen und Krallen sind auf Veränderungen in Größe, Härte und Stellung zu untersuchen. Der

Strauß berührt nur mit dem ersten Zehenglied den Boden, stärkeres Auffußen (Durchtrittigkeit) kann Anzeichen einer Sehnenschwäche sein.

Jedes Verdachtsmoment sollte notiert und wiederholt kontrolliert werden. Bei andauernden oder sich verstärkenden Veränderungen muss ein Tierarzt hinzugezogen werden, der in der Regel über ein umfassendes Spektrum an Hilfsmitteln für eine gesicherte Diagnose verfügt.

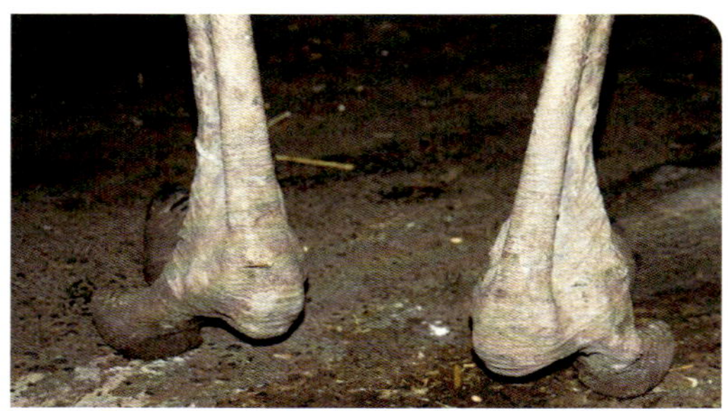

Unfallbedingte Veränderung am Mittelfußgelenk eines Hahns

Stehhilfe Flaschenzug: Behandlung eines Straußenhahns nach einem Unfall

Spezielle Gesundheitsprobleme bei Straußen

Auffälligkeiten		Kontrollieren, Folgen		mögliche Ursachen
Offener Schnabel	▶	Fresslust Mattigkeit	▶	Infektion der Atemwege Hitzestress
Angestrengter Atem	▶	Fresslust harter Kot	▶	Stress, Hitze Wassermangel
Atmung mit abgespreizten Flügeln und gesenktem Hals	▶	Bewegungsunwillig Fresslust	▶	Infektion der Atemwege
Eingezogener Hals und sitzt auf dem Boden	▶	Kotbeschaffenheit Fressverhalten	▶	Allgemeininfektion Schmerzen
Sitzenbleiben mit gestrecktem Hals	▶	Nicht aufzutreiben Kotabsatz und Fressverhalten	▶	Verletzung von Gliedmaßen Energiemangel erste Eiablage
Magerkeit trotz ungestörtem Fressverhalten	▶	Futteraufnahme Futterzusammensetzung Futterqualität	▶	Stress ungeeignetes Futter Parasitenbefall
Mager spitzer Rücken eifriges Picken	▶	Kotabsatz Kotbeschaffenheit	▶	Mangelfütterung Magen-Darm-Parasiten Magenüberladung
Apathie Bewegungsunwillig	▶	Fressverhalten Fieber	▶	Bakterielle oder virale Allgemeininfektion

Je mehr Erfahrung Halter und Tierarzt mit erkrankten und verunfallten Straußen sammeln, desto besser lassen sich grundsätzliche Ursachen für Probleme beschreiben. Noch einmal: Besonders auffallend ist, wie sehr Strauße aller Altersgruppen durch Fütterungs- und Managementfehler der Tierhalter belastet und gefährdet werden.

Grundsätzlich gilt daher auch in der Straußenhaltung: Gutes Betriebsmanagement ist die beste Vorbeugung gegen Probleme und Erkrankungen! Gute Hygiene, intakte großzügige Weiden, einwandfreie Futterqualität und – bei Küken – bestes Stallklima senken das Risiko eines Erregerbefalls deutlich. Am wichtigsten ist jedoch das Vermeiden von Stress!

Hintergrund-Info

Erkenntnisse aus jahrelanger Feldforschung belegen, dass Küken und Jungtiere auf Stress unterschiedlichster Art mit deutlichem Abbau von Herzfett und Verringerung der Immunabwehr reagieren. Diese Reaktion stellt sich häufig erst viele Tage nach der eigentlichen Stressursache ein und wird daher meist als Ergebnis einer Infektion interpretiert. Natürlich werden mikrobiologisch in nahezu jedem Fall auch verschiedenste Erreger nachgewiesen, doch lässt das Fehlen von Herzfett in der Regel nur die Diagnose „Sekundärinfektion nach Stressereignis“ zu.

Eigentliche Ursache ist die durch Stress verursachte und bei Küken und Jungtieren häufig auftretende Gastrostase, eine Art Infarkt des Muskelmagens. Bei der Sektion fallen neben dem fehlenden Herzfett vor allem die prall gefüllten Mägen und der weitgehend leere Darm auf. Während der Inhalt des Muskelmagens bei ausreichend vorhandenen Steinen gut vermahlen ist, scheint der Drüsenmagen mit unverarbeiteten und langen Futterhalmen verstopft. Ursache hierfür ist kein sogenannter „Futterwickel“, sondern die stressbedingte Einstellung der Muskeltätigkeit des Magens. Die Nahrung wird nicht mehr weiterbefördert, Nährstoffe werden vom Körper nicht mehr gewonnen, und in der Folge werden alle Energievorräte abgebaut, die im Körper noch irgendwo gespeichert sind. Das Tier verhungert letztlich mit „vollem Bauch“!

Auch wenn schließlich das Immunsystem kollabiert und eine Infektion den Tod herbeiführt, ist die vorangegangene Stresssituation der tatsächliche Auslöser. Klarheit kann nur eine Dokumentation aller möglichen Stressereignisse bringen – etwa das laut polternde Abkippen von Steinen direkt neben der Kükenweide, das zwei oder drei Wochen zurückliegt.

Aber auch ohne Stress können die verschiedensten Krankheitserreger das Tier beeinträchtigen. Der Atmungsapparat z. B. ist sehr empfänglich für Pilzinfektionen und bakterielle Erreger. Deutlich erkennbares Symptom ist schwere Atmung. Hier ist gutes sauberes Heu und Futter von bester Qualität die wichtigste vorbeugende Maßnahme.

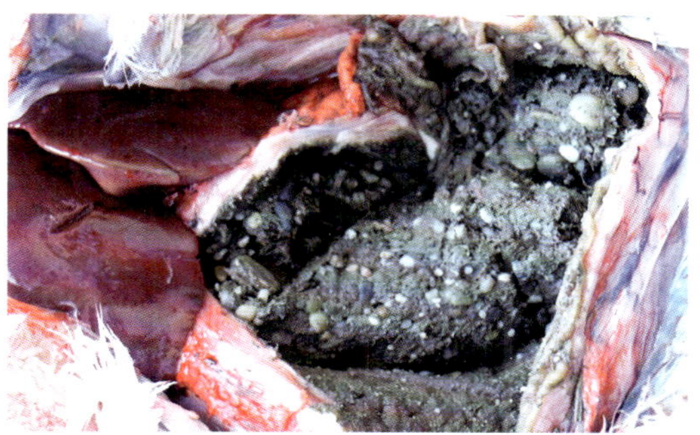

Ursache Stress: mit vollem Magen verhungert

Der Verdauungsapparat wird durch das Aufnehmen der Nahrung vom Boden und die Neigung der Strauße, auch Kot zu picken, stark beansprucht. Daher kann auch hier eine Erkrankung ihren Anfang nehmen. Starker Durchfall, zum Teil verminderte Nahrungsaufnahme und Apathie sind wichtige Anzeichen.

Praxis-Tipp

Der wahllose und ungeprüfte Einsatz von Antibiotika ist meist nicht nur wirkungslos, sondern auch äußerst gefährlich, da Erreger gegen ungeeignete Antibiotika Resistenzen bilden. Antibiotika dürfen nur durch den Tierarzt abgegeben und auch nur dann verabreicht werden, wenn ihre Wirkung gegen den Erreger zuvor mit einem Antibiogramm ermittelt wurde.

Praxis-Tipp

Als Überträger von Geflügelpest und Newcastle-Krankheit gelten neben mangelnder Hygiene und zu dichtem Tierbesatz Wildvögel aller Art. Da diese Vögel Futter und Wasser im Gehege ebenso schätzen wie die Strauße, sollte man seine Tiere nur im Stall füttern. Zudem müssen Futtertröge und Wasserbehälter täglich gründlich gereinigt werden.

Unter den Hautparasiten stellen die Federlinge das Hauptproblem dar. Ein Befall zeigt sich durch unansehnliches Gefieder, kahle Stellen und häufiges Bepicken durch Artgenossen. Neben dem Besprühen mit geeigneten Bekämpfungsmitteln sollten die kahlen Hautpartien mit Teerspray geschwärzt werden, um ein weiteres Bepicken zu verhindern. Regelmäßige Federkontrolle ist hier die beste Prophylaxe. Die Eier der Federlinge sind auf der Unterseite der Feder als weiße Ablagerung entlang des zentralen Federschaftes leicht zu erkennen.

Bei mangelhaften Haltungsbedingungen, z. B. bei überwiegender Fütterung von Kraftfutter (Pellets) und/oder zu geringer Weidefläche, kann Federpicken bei den Straußen auch eine Übersprungs- oder Ersatzhandlung sein. Hier würde eine Parasitenbekämpfung keine Besserung erzielen. In solch einem Fall müssen die Haltungsbedingungen unbedingt verbessert werden, um das Fehlverhalten abzustellen.

Praxis-Tipp

Der Befall durch Federlinge kann ganz erheblich gemindert werden, wenn ständig trockene Sandbäder zur Verfügung stehen, deren Sand in regelmäßigen Abständen ausgetauscht wird. Das Aufstreuen von Kieselgurpulver, das beim Sandbad die Federn umhüllt, ist als Schutz gegen Hautparasiten zu empfehlen.

Die größten Probleme mit massiven Tierverlusten verursacht inzwischen jedoch der Befall mit Darmparasiten. Der speziell für Strauße gefährliche „rote Magenwurm" *(Libyostrongylus douglassii)* ist in fast allen Beständen aufgetreten und führt zu starken Schädigungen der Magenschleimhaut. So können die Tiere nur noch schlecht verdauen und magern rapide ab. Besonders Küken und Jungtiere verenden in sehr kurzer Zeit. Da Straußenweiden in der Praxis oft durchgehend belegt sind, kann dieses Problem nur mit vorbeugender und sorgfältiger Entwurmung kontrolliert werden.

Praxis-Tipp

Bei Kükenverlusten kann Wurmbefall, hauptsächlich durch den „Roten Magenwurm", als Ursache klar zugeordnet werden. Die parasitologischen Auswertungen verschiedener Untersuchungslabors geben eine Aussage über Intensität des Wurmbefalls in der Herde. Während im Sommer 2006 manche Betriebe Verluste ihrer Aufzucht von bis zu 80 % beklagten, ließ dies in den darauffolgenden Jahren deutlich nach. Erst 2010 steigerten sich die Verluste wieder merklich. Der Grund: Die Bereitschaft vieler Halter, ihre Alttiere vorbeugend zu entwurmen und sich um eine gute Weidehygiene zu kümmern, hatte deutlich nachgelassen. Gefährdet sind dadurch vor allem Naturbrutküken – aber auch Jungtiere aus Kunstbrut, die man vorher auf von Alttieren genutzte oder häufig feuchte Weiden umsiedelte.

Inzwischen muss auch von einer Belastung der Strauße durch andere Unterarten der Wurmgattung Strongyliden ausgegangen werden, die insbesondere von Wassergeflügel verbreitet werden. Vertiefende wissenschaftliche Untersuchungen fehlen auch hier!

Praxis-Tipp

Zur Entwurmung von Straußen eignen sich nur oral verabreichte Medikamente. Hier sind Pasten für Pferde gut geeignet. Auf das Körpergewicht der Strauße umgerechnet, kann jedem Vogel dann individuell seine Ration verabreicht werden, aber Rücksprache mit dem Tierarzt ist unbedingt erforderlich, da viele Wirkstoffe für Strauße gefährlich oder sogar giftig sind.

Auswahl, Eingabe und Dosierung von Medikamenten

Der Strauß ist ein Lebensmittel lieferndes Tier, daher sollte der behandelnde Tierarzt bei der Auswahl des geeigneten Medikaments auch bevorzugt Arzneimittel für Lebensmittel liefernde Tiere auswählen. Findet er da kein geeignetes Mittel, kann er auch andere Präparate anwenden. Da es jedoch keine für Strauße zugelassenen Medikamente gibt, müssen alle angewandten Produkte vom Tierarzt umgewidmet werden, d. h. für jede Auswahl und Anwendung von Medikamenten muss ein Tierarzt vorab zurate gezogen werden. Also ist es im Umkehrschluss für jeden Betriebsleiter zwingend nötig, einen Tierarzt zu finden, der die Tiere bei Bedarf tatsächlich behandeln will – und vor allem auch behandeln kann!

Praxis-Tipp

Nicht jedes Geflügelpräparat ist für den Strauß geeignet. Insbesondere muss bedacht werden, dass der Stoffwechsel beim Strauß niedriger liegt als z. B. bei einem Truthahn oder einer Gans. Dies bedingt ein längeres Verweilen des Wirkstoffes im Organismus und muss bei der Dosierung einberechnet werden.

Als kleine Dosierhilfe gilt die Erfahrung, dass die Mengen für Fohlen oder Schafe beim erwachsenen Strauß ausreichend sind. Über die verabreichten Medikamente und ihre Dosierung, vor allem aber auch über deren Wirksamkeit und Erfolg, sollte genau Buch geführt werden. Da es bisher nur sehr wenig Daten über Medikamenteneinsatz bei Straußen gibt, können solche Notizen bei späterem Bedarf sehr hilfreich sein.

Die Eingabe der Medikamente muss möglichst stressfrei erfolgen, hierfür eignet sich besonders das orale Eingeben über das Futter. In vielen Fällen kann man auch die natürliche Neugier der Tiere ausnutzen und ihnen so ein Medikament beispielsweise in einem zusammengerollten Salatblatt verabreichen. Bei der Eingabe mit Wasser oder Futter muss aber auch bedacht werden, dass der Darm eventuell durch das gesundheitliche Problem geschädigt ist und das Medikament schlechter aufnehmen kann. Liegt diese Möglichkeit nahe, sollte die Eingabe eher über eine Injektion erfolgen.

Injektionen von Medikamenten sollten möglichst nur von geübten Kräften vorgenommen werden. Am ungefährlichsten ist die Injektion unter die Haut. Da der Strauß jedoch eine sehr unelastische Haut hat, sind nur wenige Stellen dafür geeignet. Im Bürzelbereich beidseitig von der Mittellinie ist die am besten zugängliche Stelle, hier können auch etwas größere Mengen gespritzt werden. Außerdem steht die Person, die injiziert, hinter dem Tier und ist so vor unerwarteten Reaktionen geschützt. Die Injektion in einen Muskel birgt immer die Gefahr, dass wertvolles Muskelfleisch zerstört wird. Im Zweifel ist dies aber besser, als dem Tier nicht zu helfen.

Praxis-Tipp

Wegen der wenig elastischen Haut eines Straußes sollte die Injektion immer von oben nach unten gesetzt werden. Außerdem empfiehlt es sich, die injizierte Flüssigkeit von der Einstichstelle weg zu massieren und den Einstich anschließend kurz zuzudrücken.

Behandlung von Verletzungen

Bei Unfällen und Verletzungen erfolgt zunächst eine Beurteilung über die Schwere der Verletzung und eventuell vorliegende Knochen- und Sehnenschäden mit einem Tierarzt. Werden Brüche, Sehnenabrisse oder Muskelrisse im Bereich der Laufgliedmaßen diagnostiziert, sind Behandlungsversuche nur in sehr wenigen Fällen erfolgreich und daher meist nicht gerechtfertigt. Um den betroffenen Tieren weitere Qualen zu ersparen, müssen sie in der Regel zügig und schmerzlos getötet werden.

Hautverletzungen, auch in tiefere Regionen hinein, können zwar langwierig sein, haben aber bei entsprechender Wundversorgung sehr gute Heilungsaussichten, Gleiches gilt für Flügelbrüche. Wenn der Flügel in natürlicher Position am Rumpf fixiert wird, kann er problemlos in 4–6 Wochen abheilen. Auch Luftsackeinrisse, bei denen Luft in den Hals gepresst wird und diesen prall aufbläht, heilen in der Regel gut ab. Bei Wunden, besonders im Bereich der Gliedmaßen, kann ein Ver-

Blähhals: ungefährliche Folge eines Unfalls

band relativ einfach angelegt werden. Wie in allen Bereichen der Wundbehandlung gilt aber auch hier, dass für den Erfolg nicht nur die Qualität der Erstversorgung ausschlaggebend ist, sondern auch eine regelmäßige Kontrolle und Nachbehandlung.

Praxis-Tipp

Verbände müssen bei Straußen stets möglichst dunkel sein. Helle Verbände wecken den Picktrieb der anderen Tiere und können so eher schaden als nützen. Steht nur helles Verbandsmaterial zur Verfügung, muss es nach dem Anlegen mit Blauspray oder besser mit Teerspray durchgängig dunkel gefärbt werden.

Die Straußen-Apotheke

Die nachfolgenden Bestandteile der Notfallapotheke für Strauße sollte jeder Halter vorrätig und ständig griffbereit haben:

- Wunddesinfektion: Wasserstoffperoxid 3 %ig, besonders im Sommer wichtig gegen Fliegenmadenbefall der Wunde, Betaisodona-Lösung.
- Wundschutz: Aluminiumspray, Zink-Lebertran-Paste, Blauspray.
- Wundverband: Gazeauflagen und -verbände, Vet-Flex-Bandagen.
- Abdeckung von Haut und Verband: Blauspray, besser Teerspray.

Allgemeine Probleme bei Vitamin- und Mineralstoffmangel	
Vitamin A	Fruchtbarkeitsstörungen, geringe Schlupfraten
Vitamin D	Wachstumsstörungen, schlechtes Immunsystem, mangelhafte Eiqualität
Vitamin E	Muskelschwäche, hohe Kükensterblichkeit
Vitamin K	Blutungsneigung
Vitamin B Komplex	Embryosterblichkeit, Mängel an Haut und Federkleid, Deformationen an Sehnen und Hornpartien
Mangan	Wachstumsprobleme, Skelettanomalien, Probleme mit Fersensehnen, Lege- und Fruchtbarkeitsmängel
Zink	wie bei Mangan, zusätzlich Mängel an Haut und Federkleid
Eisen	Appetitmangel – Wachstumsstörungen, schlechtes Immunsystem
Kupfer	Skelettdeformation, Nervenlähmungen, Defekte an Blutgefäßen bzw. Aorta
Jod	Leistungsminderung, Eiqualitätsmängel
Selen	Wachstumsstörungen, Muskelschwäche, Verdauungsstörungen

Praxis-Tipp

Flüssigkeiten zum Säubern bzw. Spülen der Wunde können sehr gut mit kleinen Pump-Sprühflaschen aufgetragen werden. Sie sind weitgehend geräuschlos, erschrecken also das Tier nicht, sodass ein Tier nur in Ausnahmefällen fixiert werden muss, damit die Wunde gesäubert und desinfiziert werden kann.

Mangelernährung und ihre Folgen

Bei mangelhafter Versorgung, insbesondere mit Vitaminen und Mineralstoffen, können sehr unterschiedliche, meist gravierende und oft irreparable Probleme auftreten. Besonders bei Jungvögeln führt Mangelernährung oder auch nur eine kurzzeitige Störung der Resorption von Vitaminen bzw. Mineralstoffen zu Skelettdeformationen und Beinschwächen, während sich Mängel bei den Zuchttieren stark in Fruchtbarkeit, Legeleistung und Schlupfergebnissen widerspiegeln (siehe Übersicht).

13 Straußenzucht und Genetik

Die wesentlichen grundlegenden Sachinformationen zur Genetik finden Sie im Anhang. Nachfolgend soll hier vor allem beschrieben werden, wie wichtig das genetische Potenzial von Straußen für den Erfolg einer Haltung ist und wie es durch gezielte züchterische Arbeit verbessert werden kann.

Zucht ist keine willkürliche Vermehrung durch die Paarung eines männlichen und eines weiblichen Tieres und auch ein Halter, der 50 oder mehr männliche Tiere mit der entsprechenden Anzahl weiblicher Tiere einfach „so machen" lässt, ist immer noch kein Züchter, denn Zucht ist harte Arbeit, die viel Ausdauer und Zeit benötigt: Eine Arbeit, die ein konkretes Ergebnis erreichen soll, also ein Zuchtziel, das zu Beginn definiert und dann im Lauf der Jahre – hoffentlich – auch ganz konkret erreicht wird.

Grundlage dieser Arbeit ist die Genetik. Dabei geht es vereinfacht dargestellt um das Zusammenspiel der vielen tausend Gene eines Straußes und die Kunst, schlechte Gene von positiven zu unterscheiden. Aufgabe der züchterischen Arbeit ist dann, die schlechten so weit möglich auszumerzen und positive zu verstärken. Bekannt dürfte das beliebte Beispiel sein, dass es durch züchterische Arbeit gelungen ist, dem Schwein mehr Rippen wachsen zu lassen, als dies die Natur ursprünglich vorgesehen hatte.

Hintergrund-Info

Beim Strauß, der zwar auch Rippen, aber dort keinen nennenswerten Fleischansatz hat, muss es um andere Zuchtziele gehen. In den Anfängen der Straußenhaltung waren schöne, möglichst flauschige Federn gefragt, also konzentrierten sich die Anstrengungen der Züchter auf dieses Zuchtziel. Da der Umgang mit kleinen Straußen schon mangels Körpermasse einfacher ist als mit riesigen Tieren, wurde als weiteres Zuchtziel „klein und gedrungener Körperbau" ausgegeben.

Diesen Vorgaben entsprach am ehesten der sogenannte Kleinsee-Strauß, wie der Name vermuten lässt, tatsächlich der kleinste Vertreter seiner Art im südlichen Afrika, und der Schwarzhalsstrauß, der deutlich größer, aber eher gedrungen ist und von Natur aus üppigere Federn hat als andere Straußenarten. Dass ursprünglich mit beiden gezüchtet wurde, um den optimalen Federstrauß zu entwickeln, ist eine naheliegende Vermutung. Das Ergebnis spricht dafür, doch auch in Südafrika gilt: Die Grundlage des Erfolgs sollte nur der kennen, der diesen Erfolg erarbeitet hat.

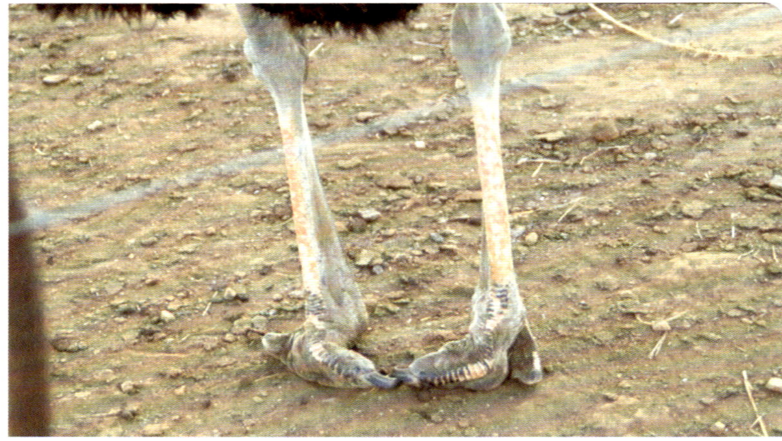

Rollzehen: Folge fortgeschrittener Inzucht

Die andere Seite der Zucht ist das Ausmerzen von Gendefekten, die sich langfristig in einem negativen Erscheinungsbild (Exterieur), in Missbildungen, Vitalitätsverlust und mangelnder Fruchtbarkeit äußern. Daher werden für die Zucht nur Tiere verwendet, die den idealen Erwartungen des Züchters optimal entsprechen.

Zuchtziel

Für die südafrikanischen Züchter war zu Beginn der Farmhaltung von Straußen völlig unstrittig, welches Ziel sie erreichen wollten: Federn bester Qualität, und sie wussten auch, welche Eigenschaften die Strauße haben mussten, die diese Federn liefern sollten. Denn die Grundlagen einer erfolgreichen Zucht sind immer dieselben: Geeignete Tiere müssen robust, vital und anpassungsfähig sein, ihr äußeres Erscheinungsbild dem Ideal der jeweiligen Art entsprechen, über eine kräftige stabile Konstitution verfügen und sich arttypisch verhalten.

Obwohl sich im Lauf der nächsten 150 Jahre das Zuchtziel von der Federqualität in Richtung Wachstumspotenzial und Fleischausbeute verlagerte, sind die Grundlagen auch heute noch dieselben. Denn nur mit gesunden, kräftigen und vitalen Elterntieren kann auch ein gesunder, frohwüchsiger und leistungsfähiger Nachwuchs erzeugt werden. Allerdings verwendet man heute vorzugsweise nicht mehr kleine und gedrungene Strauße zur Zucht, sondern eher großwüchsige mit einem möglichst hohen Wachstumspotenzial.

Zuchtstrategie

Beim Strauß muss die Zuchtstrategie zunächst darauf ausgerichtet sein, das Problem der Inzucht zu begrenzen. Für südafrikanische Farmen sollte dies kein unlösbares Problem darstellen, denn sie verfügen über eine große Auswahl geeigneter Tiere, die nicht miteinander verwandt sind, theoretisch zumindest, denn die Realität sieht anders aus. Kaum eine Straußenfarm im südlichen Afrika verfügt über ein Herdenbuch, also eine Art Stammbaum der Tiere, vielfach ist auch nicht bekannt, ob Tiere einer Familie nicht sogar Geschwister sind.

Hintergrund-Info

Einige deutsche Farmer haben Anfang der 90er-Jahre große Strauße aus Zimbabwe importiert. Um sicherzustellen, dass die Tiere nicht miteinander verwandt sind, wurden die Hähne von Farmen im Süden des Landes gekauft, die Hennen von Farmen im Norden. Als nach einigen Jahren in Zusammenarbeit mit der Universität Gießen ein genetisches Analyseverfahren erarbeitet worden war, stellte sich aber heraus: In zwei Familien waren der Hahn und eine seiner Hennen direkte Geschwister. Anstatt wie die deutschen Farmen Geld für eine Genanalyse auszugeben, hatten die Kollegen in Zimbabwe einfach immer wieder Tiere getauscht und darauf vertraut, dass so die Wahrscheinlichkeit von Inzucht gegen Null geht, ein fataler Irrtum.

Ähnlich wie die Farmen im südlichen Afrika, die oft mit mehreren hundert Alttieren einige tausend Küken erzeugen, nehmen auch viele Halter in Europa das Problem nicht ernst. Dabei ist mit sehr hoher Wahrscheinlichkeit davon auszugehen, dass inzestuöse Paarungen hierzulande an der Tagesordnung sind.

Hintergrund-Info

Gerade in den Anfangsjahren der landwirtschaftlichen Straußenhaltung war der Export von Bruteiern, Küken oder Alttieren aus Südafrika wegen der Monopolpolitik der Apartheid-Regierung nicht möglich. Statt auf das große Tier-Potenzial der südafrikanischen Farmen zurückgreifen zu können, mussten sich europäische Einsteiger ins Straußengeschäft mit den Tieren begnügen, die man auf dem europäischen Markt angeboten hatte, und das waren fast ausnahmslos Strauße einiger Farmen in Namibia, die über Händler in Europa verkauft wurden. Etwa nach dem Motto: Strauß ist Strauß ...

Praxis-Tipp

Niemand sollte glauben, dass die sich namibischen Farmen von ihren besten Zuchttieren trennten, um deutsche, niederländische oder dänische Halter glücklich zu machen. Es erfüllt ganz sicher nicht den Tatbestand der üblen Nachrede, wenn man davon ausgeht, dass die verkauften „Zuchttiere“ nicht

Abstammungsnachweis kein Problem

die genetische Leistungsspitze Namibias repräsentiert haben. Im Umkehrschluss bedeutet dies aber, dass das genetische Potenzial der meisten Strauße auf europäischen Weiden nicht ansatzweise den Grundlagen entspricht, die für eine erfolgreiche züchterische Arbeit zwingend erforderlich sind.

Hinzu kommt, dass „Züchter" in Europa, die weder die genaue Herkunft ihrer Tiere noch deren Abstammung oder genetisches Potenzial kennen, wahllos jedes Küken als geeigneten Zuchtnachwuchs verkaufen, das trotz schlechtester Vorgaben tatsächlich auch geschlüpft ist und zwar selbst dann, wenn sie nur über ein einziges „Zucht"paar verfügen, dessen Nachkommen zwangsläufig direkte Geschwister sein müssen.

Die Ergebnisse vieler Halter fallen entsprechend aus: missgebildete Küken, Probleme mit der Befruchtung, mangelnde Vitalität und hohe Sterblichkeitsraten vom Embryo über das Küken bis hin zum Jungtier.

Wer derartige sogenannte „Inzuchtdepressionen“ vermeiden will, muss nun keineswegs, wie die erwähnten deutschen Farmer, nach Zimbabwe reisen und dort eine ganze Ladung von Straußen in einen Frachtflieger packen. Zum einen wäre dies – wie erwähnt – auch keine 100 %ige Garantie, und zum anderen hat die brutale Machtpolitik von Zimbabwes Dauerpräsident Robert Mugabe längst auch die letzte Straußenfarm im Land zerschlagen.

Grundsätzlich gibt es nämlich eine optimale genetische Distanz der Elterntiere, die sich einstellen kann, wenn enge Inzucht unter Voll- oder Halbgeschwistern vermieden wird. Dazu muss der Halter aber wissen, was er tut, sprich: Er muss die genaue Abstammung seiner Zuchttiere kennen und die aller Tiere, die zugekauft werden. Nur dann kann ein zu enger Verwandtschaftsgrad innerhalb der Zuchtfamilien ausgeschlossen werden.

Unerlässliche Voraussetzung für die Eignung als Zuchttier ist also zunächst der Abstammungs- bzw. Herkunftsnachweis. Darüber hinaus müssen Zuchttiere fälschungssicher gekennzeichnet sein und ihre Leistungsfähigkeit durch entsprechende Aufzeichnungen nachweisbar sein. Dazu zählen nicht nur die absolute Zahl der Nachkommen, sondern auch die Zahl der gelegten und befruchteten Eier, die Befruchtungs- und Schlupfrate und auch die Fleischausbeute von Nachkommen, die verwertet werden.

Das gilt natürlich für alle Tiere, die als zuchtgeeignet angeboten werden, also auch für den Nachwuchs, der sonst nicht als Zuchttier verkauft werden kann. Wenn ein Halter dies wider besseres Wissen und ohne den Käufer zu informieren dennoch tut, riskiert er nicht nur spätere Schadenersatzansprüche des Kunden, nach allgemein geltender Gesetzeslage erfüllt ein derartiges Verhalten in Europa den Straftatbestand des Betrugs!

Praxis-Tipp

Soll die Zucht von Erfolg gekrönt sein, muss ein Zuchttier in einem Zuchtbuch oder Zuchtregister eingetragen und dauerhaft gekennzeichnet sowie seine Identität unzweifelhaft nachweisbar sein. Seine Leistungen müssen überprüft und schriftlich festgehalten werden. Nur so kann man die Leistungsfähigkeit der Tiere unter Berücksichtigung der Vitalität erhalten und verbessern sowie die Wirtschaftlichkeit und Wettbewerbsfähigkeit der tierischen Produktion sichern, und die tierischen Erzeugnisse können qualitativen Ansprüchen gerecht werden. Somit bleibt eine genetische Vielfalt erhalten!

Praxis-Tipp

Ein Züchter, der sich diesen Begriff auch verdienen will, darf seine Zuchttiere nicht in großen Gruppen halten. Bei mitunter bis zu 30 Tieren beiderlei Geschlechts in einem Gehege lässt sich unmöglich feststellen, welches Ei von welcher Henne stammt und von welchem Hahn befruchtet wurde. Es gibt zwar

Halter, die behaupten, auch ein Küken aus einer Großgruppe aufgrund seines Aussehens ganz sicher seinen Eltern zuordnen zu können. Dringender Rat in diesem Fall an den potenziellen Käufer: Finger weg! Wer derartige Ammenmärchen erzählt, lässt grundsätzliche Zweifel an seiner Glaubwürdigkeit aufkommen.

Aufbau eines betriebseigenen Zuchtbuches

In den Anfangsjahren der landwirtschaftlichen Straußenhaltung wurde in mehreren Ländern, z. B. in Deutschland und Tschechien, versucht, ein nationales Zuchtbuch aufzubauen. Die Bereitschaft der Halter hielt sich wegen der aufwendigen Dokumentation und den damit verbundenen Kosten sehr in Grenzen, sodass die Versuche ausnahmslos aufgegeben werden mussten. Wer also tatsächlich züchterisch arbeiten will, muss ein eigenes, betriebsinternes Zuchtbuch führen. Die Tatsache jedoch, dass die erforderlichen Aufzeichnungen bald ganze Berge von Aktenordnern füllen und die Dokumentation erst nach etlichen Jahren aussagekräftig ist, fördert dies nicht unbedingt, doch letztlich kann nur ein nationales, besser noch europäisches Zuchtregister auf Grundlage der betrieblichen Aufzeichnungen die Zukunft der Straußenhaltung in Europa sichern.

Kennzeichnung

Noch einmal: Viele Halter kennen die Abstammung bzw. Herkunft ihrer Tiere nicht, oft, weil sie beim Kauf nicht nachfragen oder aber, weil der Vorbesitzer über die Herkunft auch nichts weiß. Spätestens beim eigenen Nachwuchs muss das Nichtwissen aber ein Ende haben. Und dazu bedarf es einer sicheren Kennzeichnung – und zwar ab dem Ei. Während es einfach ist, Eier nach dem Einsammeln mit einem Bleistift zu nummerieren, wird die zumindest nach Zuchtkriterien geforderte „fälschungssichere“ Kennzeichnung ab dem Schlupf zum Problem.

Hintergrund-Info

Bis heute hat niemand eine Methode entwickelt, ein Straußenküken so zu kennzeichnen, dass auch noch beim späteren Zuchttier unzweifelhaft nachzuweisen ist, um wen es sich da tatsächlich handelt. Tätowierung oder Fußbänder? Dazu wachsen Strauße viel zu schnell. Halsmarken? Die picken sich die Tiere gegenseitig weg – was bei Besuchern sehr negative Eindrücke hinterlassen kann. GPS-fähige Nasenklammern, wie aus Südafrika vorgeschlagen und glücklicherweise nie realisiert, würden gleich beide Kriterien erfüllen: Sie wären dem schnellen Wachstum nicht gewachsen und für den Betrachter ein optischer Schock.

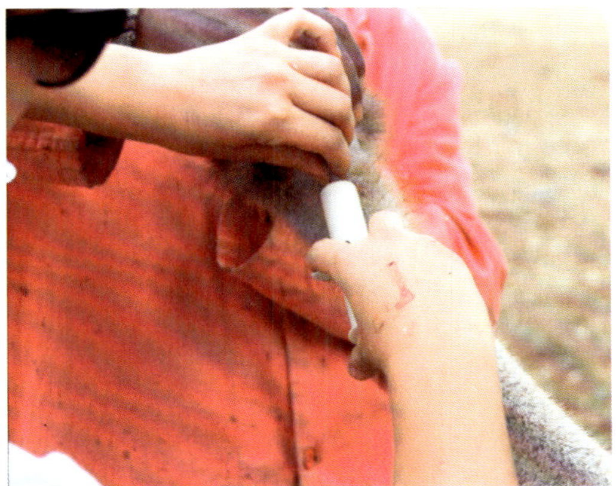

Setzen eines Transponders im Hals vor 20 Jahren – heute stattdessen in den Bürzel

Bleibt also der Mikrochip bzw. Transponder, wie der kleine Kunststoffchip in Hartglashülle offiziell heißt. Der Mikrochip, dessen Kennung aus einer Kombination von Zahlen und Buchstaben weltweit immer nur einmal vergeben wird, gilt bisher als König der Kennzeichnung – sicher, nicht fälschbar, einzig! Das Problem beim Strauß: Ein Mikrochip kann nur unter die Haut injiziert werden, wenn da genügend Fettgewebe gewachsen ist – beim jungen Strauß also etwa ab dem dritten Lebensmonat.

Und wie kennzeichnet man sicher kleine Küken? Ganz einfach: mit Beinbändern, die dem schnellen Wachstum aber ständig angepasst werden müssen. Dies setzt voraus, dass der Halter seine Küken ständig im Auge behält, da Beinbänder schnell zu eng werden, und der Kunde, der mit diesen Küken eine eigene Zucht aufbauen will, muss viel Vertrauen in die Ehrlichkeit und solide Arbeit des Halters haben.

Ab dem 3. Monat wird es dank des Mikrochips dann für Halter und Käufer einfacher, es sei denn, der Mikrochip wandert. Leider ist dies aber eine – unvermeidliche? – Eigenschaft der ca. 5 mm langen und 1–2 mm „dicken" Glaskörper. Ganz egal, wo der Chip gesetzt wurde: In den seltensten Fällen ist er später auch genau dort zu finden und zwar ganz unabhängig von der Tierart.

Der Mikrochip wurde beim Strauß früher immer auf der linken Halsseite gesetzt, dazu musste das Tier gefangen und von mehreren Personen festgehalten werden. Neben dem hohen Personalaufwand, der von europäischen Haltern meist nicht zu leisten ist, erwies sich die Injektionsstelle als problematisch: Am Straußenhals gibt es kaum Fettgewebe, das den Chip sicher hält. Außerdem gestaltet sich das Ablesen der Chipnummer recht schwierig, da ein Strauß erfahrungsgemäß nicht ruhig stehen bleibt, wenn sich der Halter mit dem Lesegerät nähert und damit am langen Hals entlangstreift.

Heute wird der Transponder nahezu weltweit auf der linken Seite des Bürzels in das normalerweise reichlich vorhandene Fettgewebe gesetzt. Vorteil: Hier kann der Chip beispielsweise während des Fressens von einer Person ohne jeden Stress für Tier und Mensch injiziert und später auch abgelesen werden. Nachteil: Auch hier wandert der Chip, zwar nicht immer, doch wenn er es tut, ist die mögliche Entfernung zwischen Einstichstelle und tatsächlicher Platzierung umso größer, je früher das Tier gekennzeichnet wurde.

Praxis-Tipp

Stechen Sie beim Setzen des Chips die Kanüle immer von oben nach unten in das Fettgewebe, auch im Kükenalter ist die Straußenhaut nicht so flexibel, dass sich die kleine Öffnung, die die Injektionsnadel hinterlässt, sofort wieder schließt. Um das Herausrutschen zu verhindern, sollte der Chip immer von oben und möglichst weit von der Einstichstelle platziert werden, andernfalls besteht die Gefahr, dass der Chip direkt nach dem Setzen verloren geht. Hilfreich ist auch, wenn Sie die Einstichstelle mit einem Finger zudrücken und in Stichrichtung massieren.

Wichtig: Überprüfen Sie nach einigen Minuten unbedingt, ob der Chip noch an Ort und Stelle ist – bevor Sie das Beinband oder eine andere äußere Kennzeichnung des Tieres entfernen!

Lebensfrohe Küken sprechen für gute Elterngene

Beurteilung von Zuchttieren

Die Qualität von Zuchttieren kann ein Halter am besten an deren Nachwuchs erkennen. Sind die Küken frohwüchsig, gesund und munter, lässt dies den Schluss zu, dass die Elterntiere ein gutes genetisches Potenzial haben. Aber auch das äußere Erscheinungsbild der Alttiere – also das Exterieur – liefert wichtige Hinweise auf deren Zuchteignung.

Ein Strauß, der für die Zucht infrage kommt, darf nicht wie ein Fragezeichen im Gehege stehen, der Hals muss gerade aufgerichtet sein, das Tier aufmerksam, der Körper gestreckt, und der Strauß muss auf den vorderen Zehengliedern stehen.

Berührt auch das hintere Zehenglied, oft fälschlicherweise als Ferse bezeichnet, im Stand oder beim Gehen den Boden, deutet dies auf einen genetischen Mangel hin. Weitere Anzeichen einer genetischen Depression sind überstehende Ober- oder Unterschnäbel und seitliche Verkrümmungen (Scherenschnabel), sogenannte Rollzehen und Verformungen der Fußknochen oder ein struppiges und lückenhaftes Federkleid.

Auch der Gesundheitsstatus lässt Rückschlüsse auf die genetische Zuchteignung zu, kräftige und gesunde Tiere sind lebhaft, aufmerksam und neugierig. Sie putzen sich eifrig, zeigen keine Auffälligkeiten bei der Nahrungsaufnahme und sind in ihre Gruppe voll integriert. Schwache und kranke Tiere wirken dagegen oft teilnahmslos und träge. Sie fallen in ihrer Gruppe deutlich ab und werden auch von anderen Tieren, beispielsweise beim Fressen, verscheucht.

Praxis-Tipp

Wenn Sie sich als unerfahrener Interessent mal hier, mal da auf verschiedenen Farmen Strauße ansehen, wirken die Tiere mangels direkter Vergleichsmöglichkeit immer groß. Sie sollten sich daher an sich selbst orientieren: Stellen Sie sich auf gleicher Höhe möglichst nah neben das Tier und schätzen Sie, wo die Rückenhöhe des Tieres im Vergleich zu Ihnen liegt. Bei einer Körpergröße des Betrachters von 1,70 m gilt im Vergleich zur Rückenhöhe des Tieres: Bauchnabel = ungenügend, Brusthöhe = nicht schlecht, geht aber besser, Schulterhöhe oder darüber = Sie können kaufen!

Abstammungsnachweis per DNA

Wenn möglicher Zuchtnachwuchs aus welchen Gründen auch immer nicht gekennzeichnet und die Abstammung nicht registriert wurde, hilft heute der DNA-Nachweis. Der genetische Abstammungsnachweis beruht auf der genetischen Ähnlichkeit verwandter Individuen. Mithilfe des sogenannten DNA-Fingerprinting wird dabei wie bei einem Vaterschaftsnachweis der Grad der Übereinstimmung variabler Genabschnitte zweier Individuen verglichen. Durch den direkten Vergleich dieser Genabschnitte ist dann die Zuordnung des Nachwuchses zu den Eltern möglich.

Früher musste für den Gentest eine Blutprobe entnommen werden – beim Strauß nicht immer einfach, da sich die Venen für die Entnahme von Blut auf der Unterseite der Flügel besonders eignen, und ausgewachsene Strauße lieben es nicht besonders, wenn dort ein Mensch nach der besten Einstichstelle sucht ...! Heute wird diese, oft für Mensch und Tier sehr stressige Prozedur durch die Möglichkeit entspannt, die DNA eines Tieres auch mithilfe einer durchbluteten Feder zu analysieren.

Die Preise für DNA-Tests haben sich in den vergangenen Jahren zwar deutlich reduziert, doch schrecken gerade Kleinhalter vor den Ausgaben immer noch zurück. Sie sollten aber nicht vergessen: Für den, der mit Zuchttieren Geld verdienen will, ist der sichere Abstammungsnachweis ein gutes Verkaufsargument, das die Investition allemal wert ist.

14 Schlachtung und Fleischqualität

Straußenschlachtung

Als die landwirtschaftliche Straußenhaltung in Europa Einzug hielt, standen die Fragen, wie bzw. wo ein Strauß geschlachtet wird und welche gesetzlichen Rahmenbedingungen erfüllt werden müssen, zunächst nur vereinzelt auf der Tagesordnung der Halter. Zu sehr konzentrierte sich die junge Branche auf das Erzeugen von Nachwuchs für die Zucht und auf den Handel mit geschlechtsreifen Tieren, Küken und Bruteiern.

Nur etwa eine Handvoll der „Pioniere" aus den verschiedensten Ecken Europas befasste sich gleich in den Anfangsjahren mit der Entwicklung des Fleischmarktes. Ihr Motiv: Das Zuchtgeschäft ist nach dem anfänglichen Sturm eng begrenzt auf wenige Spezialisten – Fleisch wird dagegen jeden Tag gegessen. Und schon 1995 veröffentlichten sie unter dem Titel „Deutsches Straußenfleisch – das Besondere für Ihren Gaumen" einen ersten Werbeflyer.

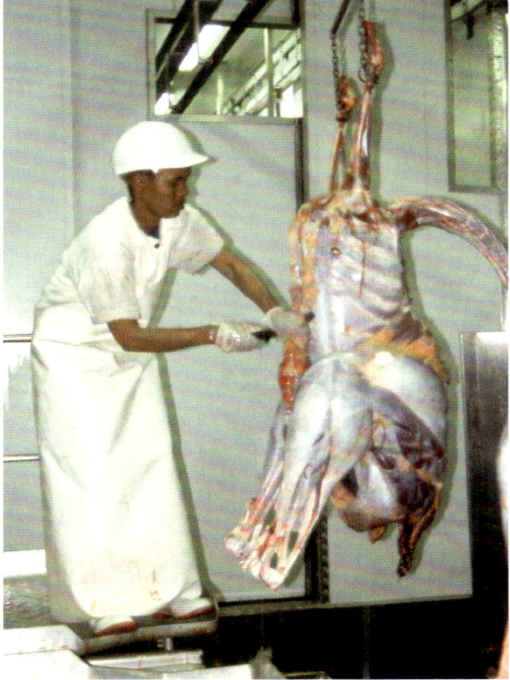

Schlachtkörper Strauß: zu groß für Geflügelschlachterei

Zu diesem Zeitpunkt war allerdings noch keineswegs geklärt, wie und vor allem wo Strauße geschlachtet werden können. Die Betreiber von Schlachtanlagen für das traditionelle Schlachtgeflügel winkten mit einem müden bis belustigten Lächeln ab: Strauß und Huhn oder Pute passen schon von der Größe her nicht zusammen. Für die Schlachtung von Straußen wird eine lichte Raumhöhe von mindestens 4 m benötigt. Schlachtanlagen für das herkömmliche Geflügel können sich mit 3 m und weniger begnügen, soweit dem nicht Vorgaben der Gewerbeaufsicht entgegenstehen.

Weit geeigneter als Geflügelschlachtereien erschienen Schlachtanlagen für Schweine und Rinder, zumindest was die durchaus vergleichbare Größe bzw. Länge des hängenden Schlachtkörpers angeht. Das zunächst unlösbare Problem hier: Im Zug der Harmonisierung der Schlachtung und der Schlachthygiene in der EU gab es kaum noch Schlachtbetriebe, die noch nicht EU-zertifiziert waren, und Betriebe mit EU-Zertifikat durften nur die Tierarten schlachten, für die sie zugelassen waren: Schweine und Rinder, keinesfalls aber Strauße. Dies änderte sich erst Ende 1997, als sich die EU-Kommission der Straußenhalter erbarmte und die Schlachtung von Straußen in den sogenannten EU-Rotfleisch-Schlachthöfen erlaubte und zwar auf Grundlage des Schlachtverfahrens, das von Südafrika ausging und so oder sehr ähnlich in der ganzen Welt praktiziert wird.

Bis Anfang der 90er-Jahre wurden Strauße nur auf dem speziellen Straußenschlachthof der „Klein Karoo Coöperasie“ im südafrikanischen Oudtshoorn geschlachtet. Die Tiere transportierte man vor allem von den traditionellen Straußenfarmen in den südlichen bzw. südöstlichen Regionen West- und Ostkap per Lkw auf einer offenen, mehrfach unterteilten Ladefläche mit hohen Seitenwänden in die Kleine Karoo. Noch heute sind diese Transporte üblich, man kann sie aus größerer Entfernung sicher identifizieren, weil ganz oben auf den Abtrennungen der Ladefläche schwarze Mitarbeiter sitzen, die darauf achten, dass sich die Tiere unterwegs nicht gegenseitig verletzen oder gar töten.

Auf dem Schlachthofareal stehen die Tiere dann für mindestens 24 Stunden in offenen Paddocks. Damit sich der Darm weitgehend entleert, erhalten sie während dieser Zeit nur Wasser, aber kein Futter. Am Schlachttag wird ein Tier nach dem anderen in eine von vielen Buchten geführt. Früher wurden die Tiere dort vollständig gerupft und die Federn sofort sortiert. Nach heftigen Protesten europäischer Tierschützer und der EU-Kommission werden seit Ende der 90er-Jahre vor der Schlachtung nur noch die reifen, nicht mehr durchbluteten Federn entfernt.

Zur Schlachtung führt man die Tiere in einen langen Gang, wo sie hintereinander vor der Tür zur Betäubungsbox stehen. Diese öffnet und schließt sich bei jedem Tier von oben nach unten, sodass gewährleistet ist, dass immer nur ein Tier in die Betäubungsbox gelangt. Nach der elektrischen Betäubung wird das Tier an den Läufen fixiert, hochgezogen und durch Entblutungsstich getötet. Erst wenn das getötete Tier über eine Rollenbahn zum eigentlichen Entblutungsbereich geschoben wurde, öffnet sich die Tür für das nächste Tier.

Seit 1993 sind im südlichen Afrika mehrere neue Straußenschlachthöfe entstanden, die – abgesehen von technischen Varianten – auf dieselbe Weise schlachten. Da Straußenfleisch damals nahezu ausschließlich für den Export nach Europa und Asien erzeugt wurde, sind die Schlachthöfe in Namibia, Zimbabwe, nach dem Fall des staatlichen Apartheidmonopols auch in Südafrika und 2001 in Botswana von der EU zertifiziert.

Bei Vertretern der europäischen Fleischindustrie sorgt die Tatsache, dass die EU Schlachthöfe im südlichen Afrika für den Import nach Europa zertifiziert, fast immer für ungläubiges Stirnrunzeln. Dies weicht aber bei einem Besuch dieser Schlachthöfe schnell ehrfürchtigem Staunen: Hygiene und Arbeitsbedingungen sind mehr als vorbildlich! Selbst die angeblich besten deutschen Riesenschlachthöfe können sich vor allem von den jüngeren afrikanischen Betrieben in Sachen Hygiene, Arbeitsklima und Tierschutz etliche Scheiben abschneiden.

Bei der Mosstrich Ltd. in Mossel Bay nahe George (Westkap) fällt der Besucher fast unweigerlich auf – er ist der einzige, der laut Fragen stellt, von den weit über 100 Mitarbeitern dagegen hört man nahezu nichts. Vollste Konzentration auf die Arbeit und Stress vermeiden für Tier und Mensch lautet hier die Devise. In Europa dagegen glaubt sich der Schlachthofbesucher nach kurzer Zeit am Rand eines Gehörsturzes.

Hintergrund-Info

Schlachthöhe bzw. -betriebe mit EU-Zertifikat hat es viele gegeben – in Israel und vielen europäischen Ländern. Die Vergangenheitsform deswegen, weil die meisten nicht mehr existieren, so etwa der Schlachthof der Zemach-Gruppe am See Genezareth, France Autruches in Frankreich, Klaonica Nojeva in Kroatien oder, oder ... Alle haben sich von falschen Hoffnungen leiten lassen, falsch kalkuliert, hoch gepokert und dann verloren bzw. leichtgläubige Anleger mit völlig überzogenen Renditeversprechen abgezockt – wie in Brasilien die Chefs von Avestruz Master, die wegen gigantischen Betrugs und einem Schaden von mehr 660 Millionen Euro im Jahr 2006 für 15–18 Jahre ins Gefängnis geschickt wurden.

Heute werden Strauße in der ganzen Welt geschlachtet – in Kanada, Schweden, geringfügig in den USA, in Massen (mehr als 100 000 Tiere) in Pakistan oder China, weniger in Japan, Chile, Malaysia, Saudi Arabien, dem Jemen, Russland und der Ukraine.

Und in Europa oder Deutschland? Im Jahr 2011 unternahm das Statistische Bundesamt den bis dahin einmaligen Versuch, die Zahl der

Schlachtungen in Deutschland zu ermitteln. Am Ende des Jahres standen knapp 1800 Tiere auf dem Papier. Selbst wenn man noch einmal 1200 Schlachtungen hinzunehmen würde, hätten die deutschen Farmen in 2011 nur so viel Fleisch erzeugt, dass dies gerade für ein einziges Straußengericht für jeden Bewohner einer mittelgroßen Großstadt wie Karlsruhe (etwas mehr als 300 000 Einwohner) gereicht hätte.

Schlachtalter

Schwarzhalsstrauße, der südafrikanische Farmstrauß, der namibische Blauhalsstrauß und Kreuzungen dieser Rassen wurden bis in die 90er-Jahre im Alter von 14–16 Monaten geschlachtet. Begründet wurde diese relativ späte Schlachtung, die zweifelsfrei zu Lasten der Fleischqualität geht, mit einer besseren Feder- und Hautqualität nach Abschluss des ersten vollständigen Federwechsels. Da heute für den wirtschaftlichen Erfolg der Fleischertrag und nicht mehr der von Federn und Haut wichtig ist, werden diese Strauße seit geraumer Zeit bereits mit 12–14 Monaten geschlachtet. Zimbabwe Blauhalsstrauße, die schneller wachsen als die anderen Rassen und in kürzerer Zeit ein weit höheres Schlachtgewicht erreichen, werden bereits ab dem 9. Lebensmonat geschlachtet (siehe auch „Wirtschaftlichkeit").

Schlachtverfahren

Ein Schlachtbetrieb sollte grundsätzlich die Möglichkeit haben, Schlachtstrauße bereits am Vortag in abgedunkelten Boxen unterzubringen und bis zur Schlachtung nur noch zu tränken. Durch das Dämmerlicht sind die Tiere ruhig, benötigen kein Futter und können, da nur Wasser gegeben wird, den Darm weitgehend entleeren. Dies erleichtert den Umgang mit den Tieren bis zur Schlachtung ungemein, außerdem wird die Gefahr stark reduziert, dass bei der Schlachtung bzw. beim Ausnehmen Fleischpartien durch Kot kontaminiert werden.

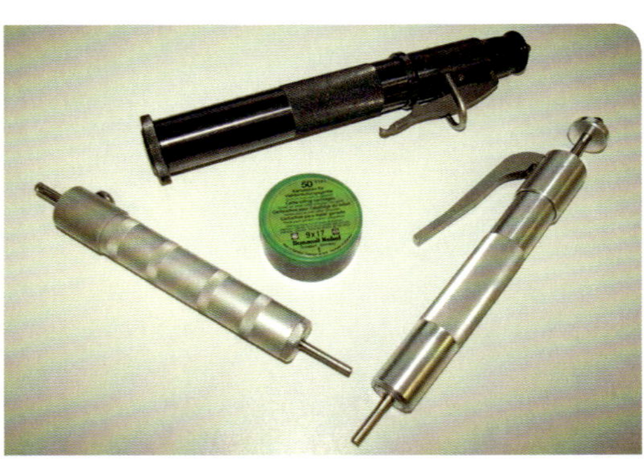

Bolzenschussgeräte – nicht oder nur bedingt geeignet

Die Betäubung kann grundsätzlich auf zwei Arten erfolgen: mit dem Bolzenschussapparat oder mit der Elektrozange. Für die Betäubung mittels Bolzenschuss werden Geräte verwendet, die mit unterschiedlichen Patronenstärken des Kalibers 9 mm normalerweise bei der Betäubung von Schweinen oder Rindern eingesetzt werden. Die grün markierte Patrone für Kleinvieh und Schweine ist auch beim Strauß völlig ausreichend.

Praxis-Tipp

Das Bolzenschussgerät wird – von der Seite gesehen – an der höchsten Stelle des Schädels gut daumenbreit hinter dem hinteren Augenwinkel angesetzt. Das Straußengehirn liegt im hinteren Teil des Kopfes, daher darf das Bolzengerät nicht wie beim Schwein oder Rind im vorderen Schädelbereich oder gar zwischen den Augen angesetzt werden.

Hintergrund-Info

Am Bundesinstitut für Verbraucherschutz und Veterinärmedizin (BVV) in Berlin wurde 1995 festgestellt, dass auch die Betäubung mit einem federgetriebenen Bolzenschussapparat tierschutzgerecht ist (Wormuth 1995). artgerecht e. V., der Berufsverband Deutsche Straußenzucht, kam aber 2015 bei Tests mit identischen Federgeräten und einer Neuentwicklung des Messerherstellers Dick für die Schlachtung von Großgeflügel zu einem völlig anderen Ergebnis: Die handelsüblichen Betäubungsgeräte mit einem Federantrieb haben nicht annähernd ausreichend Durchschlagskraft, um die sichere Betäubung, selbst bei etwa 6 Monate alten Jungstraußen, zu gewährleisten. Lediglich die sogenannten „Schaftöter", die mit ca. 75 kg Zugkraft gespannt werden müssen, erreichen Ergebnisse, die mit dem Bolzenschuss mittels Patrone vergleichbar sind. Wegen der Unhandlichkeit dieser Geräte ist aber die Treffsicherheit beim Strauß, dessen Kopf auch unter einer Blendhaube ständig in Bewegung ist, stark eingeschränkt. Das Straußengehirn hat gerade die Größe des ersten Daumenglieds eines Menschen. Zudem ist schnelles „Nachladen" angesichts der hohen Spannkraft kaum möglich.

Praxis-Tipp

Der Bolzenschussapparat führt zwar unmittelbar zu einer schmerzfreien Betäubung der Tiere, die Treffsicherheit ist aber auch hier höchst fraglich. Außerdem werden durch das Eindringen des Bolzens große Teile des Gehirns zerstört, dadurch fallen deren hemmende Einflüsse auf das Rückenmark weg. Das Tier bricht zwar unmittelbar nach dem Schuss zusammen, doch setzen dann starke Strampel- bzw. Exzitationsbewegungen der Läufe ein. Das bedeutet höchste Gefahr für den Metzger und gefährdet die Fleischbeschaffenheit bzw. Hautqualität. Bolzenschussgeräte sollten daher nur als Ersatz bei einem Ausfall der Elektrozange oder bei einer Notschlachtung auf der Weide verwendet werden.

Bleibt also die elektrische Betäubung, üblicherweise wird eine Betäubungszange für Schweine verwendet. In der früheren deutschen Tierschutzschlachtverordnung wurde wie auch von Prof. E. Lamboij (Institute for Animal Science and Health, Lelystad/Niederlande) eine Betäubungsdauer von mindestens sechs Sekunden bei einer Stromstärke von 500 Ma empfohlen. Bedauerlicherweise wurde der Strauß in der Neufassung dieser Verordnung ausgeklammert (oder vergessen?), sodass auf die alten Angaben zurückgegriffen werden muss.

Dem Schlachttier sollte bei der Elektrobetäubung eine Blendhaube übergestreift werden, die zuvor in einer gesättigten Salzlösung getränkt wurde (= so viel Salz in handwarmem Wasser, dass es sich bei längerem Umrühren gerade noch auflöst), dadurch verbessert sich die elektrische Leitfähigkeit der Haube und damit die Durchströmung des Kopfes und des Gehirns erheblich.

Die Zange sollte nicht seitlich an den Augen angesetzt werden. Dies ist zum einen für das Tier sehr schmerzhaft, wenn – aus welchen Gründen auch immer – die elektrische Betäubung nicht funktioniert, zum anderen besteht die Gefahr, dass der Schlachter mit der Zange der Bewegung des schnell zusammenbrechenden Tieres nicht folgen kann und die Betäubung nach ein oder zwei Sekunden unterbrochen wird. Die Zange wird an Ober- und Unterseite angesetzt, sodass das zusammenbrechende Tier die Zange nach unten zieht und der Kontakt bestehen bleibt.

Praxis-Tipp

Das Tier sollte so lange betäubt werden, bis seine Beine gestreckt sind (= Streckkrampf), dann lassen sich oberhalb von Zehengelenk oder Ferse ohne Gefahr für Metzger und Helfer Bänder zum Hochziehen des Tierkörpers anbringen.

Nach der Betäubung wird der Strauß an den Läufen aufgehängt und innerhalb von maximal 20 Sekunden durch Bruststich bzw. durch Öffnen der Halsschlagader entblutet. Bei liegender Entblutung beträgt die Zeitspanne bis zum Stich maximal 10 Sekunden.

Der Bruststich wird zwischen Halsansatz und oberem Brustbeinrand bzw. zwischen den Rabenschnabelbeinen der Schulterblätter horizontal in die Brusthöhle und weiter horizontal zur Seite geführt. Dabei werden die großen Gefäßstämme der Herzbasis geöffnet, und es kommt zu einem raschen Ausbluten. Alternativ oder zusätzlich kann die Halsschlagader mit einem tiefen Schnitt unterhalb des Kopfansatzes geöffnet bzw. der Kopf völlig abgetrennt werden.

Nach dem Ausbluten wird das Tier unverzüglich gerupft und sorgfältig gehäutet. Nach Entnahme der inneren Organe wird der Schlachtkörper halbiert, außerdem Hals, Läufe, Flügel und Schwanz entfernt.

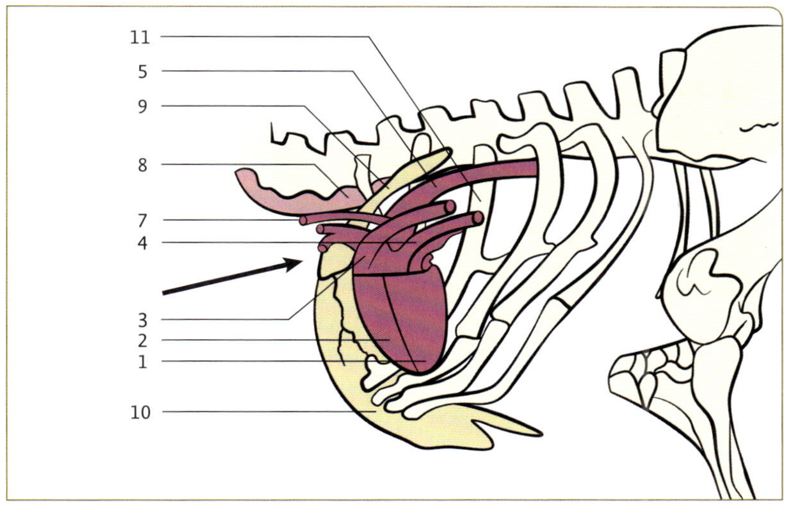

Der Entblutungsstich am Halsansatz.
Pfeil: Einstichrichtung.
1 Rechte Herzkammer
2 Linke Herzkammer
3 Lungenarterie
4 Hintere Hohlvene
5 Hauptschlagader (Aorta)
6 Vordere Hohlvene
7 Halsschlagader
8 Halsmuskulatur
9 Schlüsselbein mit Rabenschnabelbein
10 Brustbein
11 Rippen

Anschließend bringt man den Schlachtkörper in das Kühlhaus, wo die Muskeln innerhalb von 24 Stunden auf eine Kerntemperatur von mindestens 4 °C abkühlen müssen.

Die Zerlegung erfolgt meist am Tag nach der Schlachtung, dabei wird zunächst entbeint, indem man entweder das gesamte Fleisch von den Knochen löst und danach Muskel für Muskel trennt. In den afrikanischen Schlachthöfen werden die Muskel dagegen von außen nach innen (= Richtung Knochen) abgelöst.

Praxis-Tipp

Für einen Metzger, der wenig oder keine Erfahrung mit dem Zerlegen von Straußen hat und die diversen Teilstücke nicht kennt, bietet sich die Zerlegung von außen nach innen an. So lässt sich am schnellsten lernen, welcher Muskel wo liegt und zu welcher Qualitätsgruppe er gehört. Beim Strauß wird je nach Alter in sechs Muskeln mit Filetqualität, 6–9 Muskeln mit Steakqualität und 2–5 Bratenstücke unterschieden.

Nach dem Zerlegen wird jeder Muskel zugeschnitten, d. h. von Fett und den gröbsten Sehnen befreit und dann möglichst maschinell entvliest. Darunter versteht man das Entfernen der Faszien bzw. Silberhaut an der Muskeloberfläche mit einem Entvlieser oder einem sehr fein einstellbaren Entschwarter.

Im Gegensatz zu Schweine- und Rindfleisch ist eine Reifung beim Straußenfleisch nicht erforderlich. Die entvliesten Fleischteile werden sofort nach dem Zuschnitt in Vakuumbeuteln verpackt und bei 0–2 °C gelagert.

Filetstück vor und nach dem Entvliesen

Praxis-Tipp

Die Haltbarkeit von Straußenfleisch hängt von der Hygiene beim Zerlegen und Zuschneiden, der Verpackung und der Lagerung ab. Da entvliestes Straußenfleisch wegen seines hohen Eiweißgehaltes in Kontakt mit Luft an der Oberfläche schnell oxydiert, bräunlich wird und muffig riecht, muss es immer vakuumiert gelagert und verkauft werden. Die Lagertemperatur sollte 2 °C nicht übersteigen.

Hintergrund-Info

Erst durch die Fleischreifung wird Muskulatur zu Fleisch. Sie setzt mit dem Entbluten ein, wenn kein Sauerstoff mehr für die Aufrechterhaltung der Stoffwechselprozesse in der Muskelfaser zur Verfügung steht. Um einen Rest an Energie bereitzustellen, verarbeitet der Muskel sein Glykogen in Milchsäure.

Dieser Prozess, der etwa 24 Stunden dauert, sorgt dafür, dass der pH-Wert im Muskel von ca. 7,2 auf Werte um 5,6 abfällt. Ein zu rascher Abfall des pH-Wertes, bei dem bereits 45 Minuten nach Eintritt des Todes ein pH-Wert von unter 5,6 beobachtet wird, führt zu ungünstiger „PSE-Beschaffenheit" des Fleisches: Das Fleisch wird blass (pale), weich (soft) und verliert sein Wasser (exudative). Diese Beschaffenheit kann relativ häufig beim Schwein beobachtet werden.

Baut das Tier durch hohe Stressbelastung während des Transports zum Schlachthof seine Energiereserven in Form des Muskelglykogens bereits ab, so kann nach Eintritt des Todes keine Säuerung mehr erfolgen. Die Fleischreifung bleibt aus, der pH-Wert bleibt oberhalb von 6,2. Ein solches, als DFD (dark-firm-dry) bezeichnetes Fleisch, stellt einen idealen Nährboden für Keime dar und droht sehr rasch zu verderben. Es tritt häufig beim Rind auf, kann aber auch beim Schwein beobachtet werden.

Straußenfleisch: rot wie Rind, gesund wie Geflügel

Die pH-Werte beim Strauß liegen eine Stunde nach Eintritt des Todes bei etwa 6,0–6,5 und nach 24 Stunden bei 5,9–6,0. Der Verlauf des pH-Wertes zeigt, dass beim Strauß keine Gefahr für PSE-Fleisch besteht (eine Ausnahme macht hier lediglich der innere Teil des *M. obturatorius medialis* = Long Steak bzw. Long Filet). Verschiedene Untersuchungen ergaben auch keine negativen Auswirkungen auf die Fleischqualität durch die Elektrobetäubung.

Der hohe End-pH-Wert führt allerdings zu einer Anfälligkeit in Richtung DFD-Fleisch. Er liegt nahe an der DFD-Grenze und kann diese durch ungünstige Bedingungen bei Transport und Schlachtung leicht überschreiten, eine erhöhte Verderbnisbereitschaft und verminderte Haltbarkeit sind die Folge. Daher empfiehlt sich ein möglichst schonender Transport der Tiere und natürlich höchste Hygiene bei Zerlegung und Zuschnitt.

Der Schlachtkörper

Die Ausschlachtung des Straußes liegt bei 55–60 %. Die verwerteten Teile beschränken sich mangels Brustmuskulatur jedoch fast ausschließlich auf Keulen und Rücken, sodass nur etwa 33,5 % des Lebendgewichtes an verwertbarem Fleisch übrig bleiben. Der Magerfleischanteil liegt etwa bei 47 %. Davon stammen zwei Drittel aus der hochwertigen Oberkeule, ein Drittel aus der Unterkeule, die ähnlich wie bei Puten stark mit Sehnen durchwachsen ist.

Hintergrund-Info

Im Vergleich zu anderen Schlachttierarten wie dem Rind (je nach Rasse und Haltungsform 50–65 %) oder dem Schwein (75–83,5 %) ist die Ausschlachtung also eher gering. Diesen Nachteil gleicht der Strauß aber dadurch aus, dass er in einem Jahr weit mehr Nachkommen erzeugt als Schweine oder Rinder und auch länger produktiv ist. Eine Kuh gebiert pro Jahr ein Kalb, das als Schlachttier etwa 225 kg Fleisch liefert. Pro Straußenhenne kann man dagegen 15–20 Schlachttiere mit einer gesamten Fleischproduktion von 500–670 kg erreichen. Bei Hochleistungskühen rechnet man mit einer Kalbungsfähigkeit von fünf, maximal sieben Jahren, eine Straußenhenne kann in Farmhaltung mindestens 15 Jahre befruchtete Eier legen.

Grundsätzlich hängt das Schlachtergebnis vom genetischen Potenzial des Tieres, von der Haltung und natürlich vom Futter ab. Tiere, die auf einer schlechten Weide gehalten und auch noch falsch zugefüttert werden, können erheblich abfallen. Eine amerikanische Studie (Harris 1992) ergab eine Ausschlachtung von 58,6 %. Der Schlachtkörper setzte sich durchschnittlich zu 62,5 % aus Magerfleisch, zu 9,2 % aus Fett und zu 26,9 % aus Knochen zusammen. Von diesem 62,5 % Muskelfleisch wurden aber nur 41,3 % als Teilstücke gewonnen, d. h. 23,6 kg Fleisch bei 100 kg Lebendgewicht.

Diese Zahlen sprechen dafür, dass es sich bei den Schlachttieren, die in dieser Studie bewertet wurden, um Schwarzhals- oder namibische Blauhalsstrauße gehandelt hat. Die Ergebnisse des klassischen südafrikanischen Farmstraußes, der bis zur Schlachtung ein Lebendgewicht von etwa 90 kg erreicht, liegen mit weniger als 20 kg Magerfleisch noch deutlich niedriger. Zimbabwe oder Botswana Blauhalsstrauße werden mit ca. 110 kg Lebendgewicht geschlachtet und erreichen eine Magerfleischausbeute von bis zu 40 kg!

Hintergrund-Info

Straußenfleisch wird – wie erwähnt – in drei Qualitäten eingeteilt: Filet-, Steak- und Bratenfleisch. Das Straußenfilet entspricht nicht dem klassischen Filetstück von Rind und Schwein. Dieser Muskel ist beim Strauß kaum entwickelt und Bestandteil anderer großer Muskeln, die sich von der Wirbelsäule zum Oberschenkel erstrecken. Daher wurde Mitte der 90er-Jahre von einer Expertengruppe aus aller Welt definiert, welche Muskeln stattdessen den Erwartungen des Verbrauchers an ein Filetstück entsprechen. Am Ende der intensiven Diskussion, die schließlich 1997 in den „International Meat Buyer‘s Catalogue“ mündete, waren sechs Muskeln als Filet eingestuft, die jeweils an einer anderen Stelle der Schlachthälfte sitzen – sehr zur Freude der Metzger, die ihr Handwerk für das Zerlegen von Straußen noch einmal lernen müssen.

Praxis-Tipp

artgerecht e. V., der Berufsverband Deutsche Straußenzucht, bietet Seminare an, in denen neben grundsätzlichen Informationen zum Schlachttier Strauß und seinen Besonderheiten die tierschutzgerechte Betäubung bzw. Tötung der Tiere vermittelt werden. Im Mittelpunkt stehen aber Zerlegung und Zuordnung der Muskeln zur jeweiligen Qualitätsgruppe Filet, Steak und Braten.

Das Straußenfleisch

Straußenfleisch wird wegen seiner dunkelroten Farbe häufig mit Rindfleisch verglichen, in Bezug auf seine Inhaltsstoffe bzw. dietätischen Eigenschaften entspricht es aber dem Geflügelfleisch. Es ist mit nur 0,7–2 % Fettgehalt je nach Muskel sehr fettarm, schmeckt aber dennoch weniger nach Geflügel, sondern eher in Richtung Rindfleisch, das je nach Rasse einen intramuskulären Fettanteil von 4,5–15 % hat. Die weiteren Vorzüge von Straußenfleisch:

- wenig Kalorien (114 kcal je 100 g),
- Cholesterinwerte um 68–77 mg je 100 g,
- hoher Proteingehalt (etwa 26 %),
- trotz des geringen Fettgehaltes außerordentlich zart.

Fett ist zwar ein wichtiger Geschmacksträger, daher auch der unverwechselbare, typische Geschmack von Rindfleisch. Das magere Straußenfleisch schmeckt somit auch nicht besonders kräftig, es hat aber einen sehr feinen Eigengeschmack, der je nach Zubereitungsart durch die verschiedensten Gewürze vielfältig verändert werden kann. Ein bekannter Küchenchef hat dies daher so beschrieben: „Straußenfleisch eignet sich für fast jedes Rezept der Welt – außer für Fisch- und vegetarische Rezepte."

Hintergrund-Info

Zu den Zeiten, da US-amerikanische Ernährungswissenschaftler Cholesterin als Ursache für Herzinfarkte und andere lebensbedrohende Gefäßerkrankungen verteufelten, wurde Straußenfleisch häufig als „cholesterinfrei" beworben. Dies ist natürlich Unsinn, da Cholesterin essenzielle Grundlage jeder menschlichen oder tierischen Körperzelle ist und daher in jedem Körper vorhanden sein muss und auch gebildet wird.
Ein Zuviel kann allerdings gefährlich sein, wobei es nach neueren wissenschaftlichen Erkenntnissen weniger darum geht, dass ein Mensch zu viel Cholesterin aufnimmt, sondern eher darum, dass sein Körper überflüssiges Cholesterin, aus welchem Grund auch immer, nur unzureichend ausscheiden kann. Ein geringer Cholesteringehalt ist also kaum ein werbewirksamer Vorteil von Straußenfleisch, zumal mageres Rinderfilet oder Hühnerfleisch ohne Haut ähnliche Werte aufweisen.

Ein wirklicher Vorzug von Straußenfleisch sind unter gesundheitlichen Aspekten allerdings die geringen Gehalte an gesättigten Fettsäuren bzw. die hohen Anteile mehrfach ungesättigter Fettsäuren und Eisen, dessen Gehalt über dem von Rindfleisch liegt. Und da tierisches Eisen den Eisenmangel beim Menschen weit besser ausgleichen kann als jedes Spezialprodukt der pharmazeutischen Industrie, sollten vor allem Frauen Straußenfleisch essen, die ja häufig an Eisenmangel leiden. Einer der wesentlichen Vorteile der mehrfach ungesättigten Fettsäuren: Sie tragen wesentlich zum Abbau von zu viel Cholesterin bei.

Praxis-Tipp

Der Anteil der unterschiedlichen Fettsäuren im Fleisch und auch des intramuskulären Fetts werden nicht nur durch die artspezifischen Eigenschaften des Tieres beeinflusst, sondern auch durch die Fütterung. Wer es mit seinen Straußen so „gut" meint, dass er ihnen Berge von energiereichem Ergänzungsfutter vorsetzt, füttert für viel Geld nicht nur gewaltige Fettmengen unter die Haut bzw. ins Bauchfell, er ruiniert auch den Wert von Straußenfilet oder -steak, denn z. T. fingerdicke Fettadern in den Muskeln entsprechen kaum den Erwartungen des Kunden an ein mageres Produkt.

Bei der diätetischen Zusammensetzung von Fleisch spielt auch dessen Mineralstoffgehalt eine wesentliche Rolle. Neben dem hohen Anteil an Eisen zeichnet sich Straußenfleisch vor allem durch einen sehr niedrigen Natriumgehalt aus. Eine natriumarme Diät wird vor allem bei Bluthochdruck empfohlen, hier kann Straußenfleisch helfen. Einem Natriumgehalt von 77 mg je 100 g Hühnerfleisch bzw. von durchschnittlich 61 mg je 100 g Rindfleisch stehen nur 43 mg in 100 g Straußenfleisch gegenüber, allerdings: Wer kräftig salzt, macht diesen Vorteil schnell zunichte.

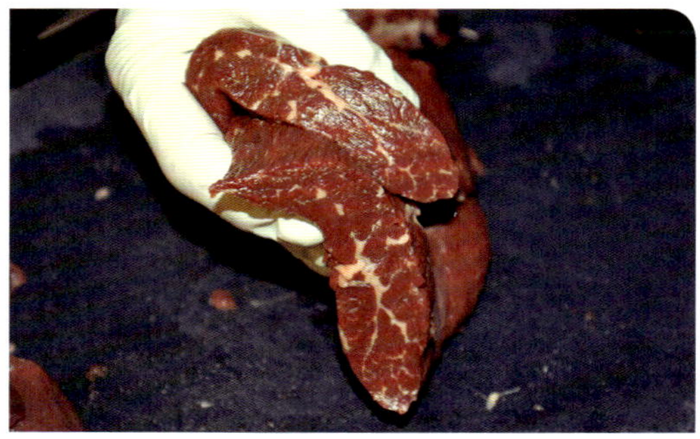

Mageres Straußenfleisch? Fetteinlagerung nach falscher Fütterung

Straußenfleisch – gesunder Genuss seit Jahrhunderten

Straußenfleisch gilt – richtig geschnitten, gelagert und zubereitet – nicht nur als Gaumenschmaus. Wegen seiner außergewöhnlichen diätetischen Eigenschaften (einerseits wenig Fett, Cholesterin, Natrium und gesättigte Fettsäuren, andererseits viel Eisen, Eiweiß und mehrfach ungesättigte Fettsäuren) wird Straußenfleisch von Ernährungsmedizinern für Patienten mit Gefäßerkrankungen zunehmend empfohlen und Küchenchefs, die es kennengelernt haben, schätzen es als eine gesunde Alternative zu den traditionellen Fleischarten und als „Fleisch des 21. Jahrhunderts".

Der genügsame Vogel, der wie kaum ein anderes Nutztier sein Futter in Zuwachs umsetzt und mit seiner jährlichen Fleischproduktion auch bei Extensivhaltung weit vor Rind, Schwein oder Pute einsam die Spitze hält, ist aber keineswegs eine Entdeckung des ausgehenden 20. Jahrhunderts. Seit Anbeginn unserer Geschichte schätzten Menschen den Strauß wegen seiner Eier, seiner Federn, des Leders und seines Fleisches, so auch zu Anfang des 2. Jahrtausends. Aussagen wie „Straußenfleisch – Heilfleisch" oder „Straußenfleisch – für den Menschen das gesündeste und bekömmlichste Fleisch" sind keineswegs überzogene Sprüche der Werbeindustrie, es sind Zitate aus den naturwissenschaftlichen Werken einer weltbekannten Heiligen, deren 900. Geburtstag 1999 gefeiert wurde: Hildegard von Bingen.

Die legendäre Seherin und Verfechterin einer gesunden Ernährung, deren Rat auch von Päpsten geschätzt wurde, kannte schon im tiefen Mittelalter die Vorzüge des Straußenfleisches: „Fetten und starken Menschen ist sein Fleisch gesund, weil es das Überflüssige (ihren übermäßigen Fleischansatz) mindert und sie stark macht."

Die Gründerin des Benediktinerinnenklosters auf dem Rupertsberg bei Bingen und erste deutsche Mystikerin wusste damals auch Rat für

Filet im Lauchmantel: zart, fettarm, lecker

„melancholische, gehemmte oder träge“ Menschen: „Ein Melancholiker esse oft von dessen Leber.“ Epileptikern empfahl Hildegard von Bingen: „Ein Mensch, der Fallsucht hat, esse oft Straußenfleisch; dies bringt ihn zu Kräften und behebt sein Leiden.“

Ob Hildegard von Bingen zu einer Zeit, da es weder Luftfracht noch Kühlaggregate gab, des Öfteren Straußenfleisch genossen hat, ist nicht bekannt. Sicher ist nur, dass sie ihre eigenen Ratschläge auch selbst beherzigt hat und nach einem erfüllten Leben am 17. September 1179 im – für damalige Verhältnisse – biblischen Alter von 80 Jahren starb.

15 Vermarktung und Wirtschaftlichkeit

Wer Strauße halten will, muss damit auch Geld verdienen, denn Strauße benötigen viel Platz, den es nur im sogenannten Außenbereich gibt. Dort aber muss eine Straußenfarm die Kriterien landwirtschaftlicher Tätigkeit erfüllen, in erster Linie nachhaltiges wirtschaftliches Arbeiten (vgl. „Aufbau und Betriebe einer Farm – Geländebedarf"). Im Klartext: Ohne Wirtschaftlichkeit keine Straußenhaltung! Wirtschaftlichkeit setzt aber nicht nur das Erzeugen eines Produkts voraus, sondern auch dessen möglichst gute Vermarktung.

Dass es nicht einfach ist, ein neues, weitgehend unbekanntes Produkt wie Straußenfleisch erfolgreich zu verkaufen, hat sich in den Anfangsjahren der landwirtschaftlichen Straußenhaltung mehr als einmal bewiesen. Selbst kapitalstarke Unternehmen mit guten Chancen, einen soliden Markt für Straußenprodukte zu etablieren, sind weltweit auf der Strecke geblieben sowie auch viele kleinere Betriebe oder Straußenhalter, die mit großen Hoffnungen in die neue Chance investiert hatten. Der Grund: Das Produkt, mit dem diese Betriebe ihr Einkommen verdienen wollten, war zum damaligen Zeitpunkt für eine dauerhafte Vermarktung nicht ansatzweise in der nötigen Menge verfügbar.

Wurstwaren vom Strauß: sehr beliebt, aber kaum zu finden

Praxis-Tipp

Relativ wenige Schlachttiere bedeuten auch wenig Fleisch, wenig Federn, wenig Haut ... Erfolgreich verkaufen können aber nur Vermarktungsprofis, und die wollen mit ihrer Kunst möglichst viel Geld verdienen, was mit wenig Ware nicht möglich ist, also muss der Erzeuger selbst in die Bresche springen – und selbstvermarktender Unternehmer werden.

Vermarktungswege

Wenn Sie etwas verkaufen wollen, stehen Ihnen drei Vermarktungswege offen, über die Sie den Verbraucher erreichen: der Verkauf an einen Händler, der direkte Verkauf an den Endverbraucher und eine gemeinschaftliche Vermarktung.

Traditionelle indirekte Vermarktung

Die herkömmliche traditionelle Vermarktung läuft immer über einen oder mehrere Wiederverkäufer. Der Schweineerzeuger verkauft seine Tiere an den Händler, der sie dem Metzger weiterverkauft. Nach der Schlachtung kann dann der Verbraucher indirekt das Fleisch dieser Tiere kaufen. Für den Erzeuger ist dieser Vermarktungsweg der einfachste, aber auch der wirtschaftlich unattraktivste, denn jeder Zwischenhändler schneidet sich vom Ertrags„kuchen“ sein Stück ab, sodass von dem Preis, den der Kunde für das Kilo Straußenfleisch bezahlen muss, beim Erzeuger nur wenig ankommt.

Die Vorteile der indirekten Vermarktung:
- Gesicherter Absatz des Produkts,
- relative Preissicherheit,
- keine zusätzliche Belastung durch Vermarktung.

Die Nachteile der indirekten Vermarktung:
- Abhängigkeit vom Zwischenhandel, der den Preis bestimmt,
- geringster Ertrag.

Außerdem müssen Sie bedenken:
- Bei Verkauf an den Handel müssen Sie immer dessen Anforderungen an die Produktmenge erfüllen, bei geringer Tierzahl ist dies kaum machbar.
- Den typischen Schweinehändler, der die Tiere zu einem fest vereinbarten Preis sicher abnimmt, gibt es beim Strauß nicht, dazu sind auch die Tierzahlen zu gering.

Direktvermarktung

Finanziell wesentlich attraktiver ist die „schlanke“ Direktvermarktung vom Erzeuger an den Endverbraucher.

Die Vorteile der Direktvermarktung:
- Höchstmöglicher Ertrag, da der ganze „Kuchen“ Ihnen gehört,
- vollständige Verwertung des Tiers durch Verkauf, z. B. von Haut und Sehnen,
- Veredelung „minderwertiger“ Teile (z. B. Unterkeule als Schinken),
- Verbesserung der Ertragslage durch weitere zugekaufte Produkte,
- direkter Kontakt zum Verbraucher (Produktinformation und dadurch Vertrauensbildung),
- eigenes Marketing = Werbung nicht für den Metzger, sondern auch für Sie.

Die Nachteile der Direktvermarktung:
- Im Vergleich zum Einzelhändler begrenzte Produktvielfalt,
- zusätzlicher Investitionsaufwand für Infrastruktur (Hofladen, Kühlzelle, Kasse usw.),
- eigenes Marketing – effektive Werbung ist teuer,
- Aufbau einer eigenen Logistik (Vertriebswege, eventuell Versand usw.),
- hoher bürokratischer Aufwand,
- gegebenenfalls hohe Kapitalbindung (Warenbestand bzw. -lager usw.).

Außerdem müssen Sie bedenken:
- Direktvermarktung ist nur in Verbrauchernähe möglich ist, nicht mitten im Nirgendwo.
- Nicht jeder ist ein geborener Verkäufer, dem der freundliche Umgang auch mit schwierigen Kunden liegt, im Zweifel müssen Sie einen Verkäufer einstellen.
- Direktvermarktung erfordert Geschick in der Präsentation und Gespür für die Wünsche des Verbrauchers. Auch hier kann fremde Hilfe erforderlich sein, die bezahlt werden muss.
- Erfolgreiche Direktvermarktung erfordert ein hohes Maß an Präsenz und damit einen erheblichen Zeitaufwand.

Gemeinschaftliche Vermarktung

Wer die Vermarktung seiner Tiere nicht dem Handel überlassen will, andererseits aber keine Möglichkeit zur Direktvermarktung hat, kann sich mit anderen Erzeugern zu einer Erzeugergemeinschaft zusammenschließen. Ein besonders erfolgreiches Beispiel ist die Bäuerliche Erzeugergemeinschaft Schwäbisch-Hall (Internet: www.besh.de), die von Schweinemästern gegründet wurde und zu einer der erfolgreichsten landwirtschaftlichen Kooperationen gewachsen ist.

Eine derartige Gemeinschaft kann im Gegensatz zum Direktvermarkter nicht nur flexibler auf die Anforderungen des Marktes reagieren, die von Landwirten häufig als lästig empfundene Verwaltungsarbeit kann hier ebenso in professionelle Hände gelegt werden wie der sehr komplexe Bereich des Marketings.

Die Vorteile der gemeinschaftlichen Vermarktung:
- Hohe Absatzsicherheit,
- niedrige Kosten für Verwaltung, Infrastruktur und Marketing,
- professionelle Vermarktung und Verwaltung.

Die Nachteile der gemeinschaftlichen Vermarktung:
- Niedrigerer Ertrag als bei der Direktvermarktung,
- wenig Spielraum für individuelle Entwicklung,
- Abhängigkeit von anderen Gesellschaftern.

Außerdem müssen Sie bedenken:
- Eine Erzeugergemeinschaft ist nur dann stark, wenn alle an einem Strang ziehen – und zwar in dieselbe Richtung!
- Misstrauen oder Missgunst unter Gesellschaftern sind leider ebenso verbreitet wie existenzgefährdend!
- Der Markterfolg hängt sehr stark von der Qualifikation des Geschäftsführers ab. Das Beispiel vieler Winzergenossenschaften lehrt: Der verdiente Kellermeister, der auf seine älteren Tage zum Geschäftsführer gekürt wird, ist bei ausbleibendem Erfolg weit teurer als ein kompetenter Vermarktungsprofi von außen! Nicht jeder, der guten Wein macht, ist auch ein erfolgreicher Geschäftsmann!

Weitere Informationen und Zahlen, die als Grundlage einer Wirtschaftlichkeitsberechnung und eines Liquiditätsplanes dienen können, finden Sie im Anhang.

Unternehmenskonzept

Jeder, der ein Unternehmen gründen und damit Erfolg haben will, muss sich fragen:
- Welches Produkt will ich herstellen?
- Wen will ich mit meinem Produkt erreichen?
- Gibt es bei meiner Zielgruppe für mein Produkt tatsächlich einen Bedarf?
- Wie kann ich diesen Bedarf gegebenenfalls wecken bzw. erhöhen?
- Muss ich mein Produkt bestehenden Verbraucherbedürfnissen anpassen?
- Wie kann ich mein Produkt wirtschaftlich herstellen und mit Gewinn verkaufen?

Auf diese Fragen hat jeder Hersteller, dessen Produkt Sie kaufen können, eine Antwort gefunden, mit anderen Worten: Auch Sie müssen sich damit beschäftigen, wenn Sie als Straußenhalter etwas verkaufen wollen!

Mögliche Antworten können sehr unterschiedlich ausfallen. Einige Beispiele:

- Die „klassische“ Straußenfarm hat einen geschlossenen Erzeugungs- und Vermarktungskreislauf: Produktionstiere sorgen für befruchtete Eier, die maschinell bebrütet werden. Die weiteren Schritte: Küken- und Jungtieraufzucht, dann Schlachtung im eigenen Betrieb, Herstellung von Fleisch- und Wurstwaren, Verkauf von Fleisch und allen anderen Erzeugnissen im eigenen Shop und Restaurant, an Touristen und Kunden aus dem engeren Umfeld. Kein Verkauf an Dritte – die Zahl der aufgezogenen Schlachttiere richtet sich am konkreten Eigenbedarf des Unternehmens.
- Alternativ: Eine Farm erzeugt eigene Küken, die selbst aufgezogen und später geschlachtet werden, außerdem stellt man eigene Fleisch- und Wurstwaren her. Um das betriebseigene Schachthaus auszulasten, werden Schlachttiere angekauft bzw. Fremdtiere im Lohnverfahren geschlachtet. Die Vermarktung erfolgt ausschließlich im Großhandel. Zielgruppe: Gastronomie und Wiederverkäufer.
- Alternativ: Ein Farmer, der zunächst alle Bereiche vom Ei bis zur Vermarktung an Direktkunden abgedeckt hat, konzentriert sich auf Zucht und Brut sowie den Verkauf der Küken an Aufzuchtbetriebe, dort erfolgt später die Schlachtung. Ein Teil der verschiedenen Produkte wird zurückgekauft, teilweise durch Dienstleister veredelt (Wurstwaren, kosmetische Produkte, Lederwaren) und direkt im eigenen Shop sowie dem angeschlossenen Restaurant bzw. im Versand- und Großhandel angeboten. Zielgruppe: Kunden landesweit bzw. aus dem weiteren Umfeld sowie Touristen.

Neben diesen Beispielen – ausschließlich Vollerwerbsbetriebe – gibt es eine Vielzahl von Varianten, die meisten aber eher im Nebenerwerb. Doch ganz unabhängig davon, ob sie im eigenen Ladengeschäft jeden Tag Straußenprodukte anbieten oder nach Feierabend und am Wochenende: Straußenfarmen leben in Europa in ganz erheblichem Umfang vom Kunden aus dem näheren Umfeld. Ein weiteres Standbein sind Touristen, die wegen der faszinierenden Tiere kommen und dann bei ihnen auch Andenken kaufen oder etwas essen und trinken wollen – also bereit sind, Geld auszugeben.

Praxis-Tipp

Strauße benötigen viel Weidefläche, in Europa aber nur sehr eingeschränkt vorhanden. Dementsprechend ist auch die Zahl der verwertbaren Tiere begrenzt und daher im Gegensatz zum südlichen Afrika eine wirtschaftliche Vermarktung durch Wiederverkäufer nur in wenigen Einzelfällen möglich. Die Gewinnspannen im klassischen Groß- und Einzelhandel sind so gering, dass – wie das

Beispiel der Hühnererzeuger oder der Milchbauern zeigt – der Landwirt nur bei großen Produktmengen überleben kann. Die meisten Straußenfarmen sind daher dazu gezwungen, andere Vermarktungswege zu beschreiten – wo immer möglich in Kombination mit Ökotourismus.

Tourismus ja – aber wie?

Dass Touristen – als Tagesbesucher oder als Feriengäste – die Ertragslage von landwirtschaftlichen Betrieben deutlich verbessern können, ist nicht neu. Denken Sie an den „Urlaub auf dem Bauernhof", der seit vielen Jahren immer mehr Freunde findet und unter gewissen Bedingungen auch finanziell gefördert wird.

Praxis-Tipp

Tourismus ist ein empfindsames Pflänzchen, das sorgsam gepflegt werden muss. Jede Krise in einer Tourismusregion zeigt, dass Menschen, die sich in der Fremde Erholung und Wohlbefinden versprechen, schreckhafter sind als ein Reh. Der leiseste Zweifel, dass der Urlaub durch unliebsame Dinge „verdorben" oder gar die eigene Sicherheit gefährdet werden könnte, verscheucht die potenziellen Gäste. Dies gilt auch für die Besucher einer Straußenfarm!

Wer sich entscheidet, sein Unternehmen für den Ökotourismus zu öffnen, muss daher wissen, dass er nicht länger nur Landwirt ist. Er ist fortan Dienstleister, dessen wesentliche Aufgabe darin besteht, seine Gäste glücklich zu machen und ihnen (fast) jeden Wunsch von den Augen abzulesen. Dass dies angesichts sehr hoher, möglicherweise aber falscher Erwartungen der Besucher nicht ganz einfach ist, zeigt manche negative Bewertung eines Unternehmens in den sozialen Netzwerken oder Suchmaschinen.

Touristen lieben Strauße – und bringen Umsatz

Dieser Hinweis soll Sie nicht abschrecken. Verstehen Sie ihn vielmehr als Hinweis darauf, dass Tourismus für Sie nur dann eine Chance ist, wenn Sie auch bereit und in der Lage sind, Ihren Besuchern ein positives unvergessliches Erlebnis zu vermitteln. Einem Gastgeber, den betriebliche Sorgen plagen, wird dies möglicherweise schwerfallen, einem Mitarbeiter, der für die Betreuung der Gäste eingestellt ist, dagegen nicht. Fremde Hilfe kann also auch hier helfen.

Das touristische Angebot einer Straußenfarm kann so aussehen:

- Führungen – nicht „bierernst“, sondern möglichst unterhaltsam,
- Bemalen von Straußeneiern,
- Basteln von Federschmuck,
- Ratespiele mit Bezug auf die Tiere,
- Balancieren auf vollem Straußenei o. Ä.,
- Zubereitungstipps und eventuell Kochdemonstrationen
- und – ganz wichtig – ein gastronomisches Angebot. Denn jeder, der eine Stunde lang einem Führer seine volle Aufmerksamkeit geschenkt hat, will sich anschließend mit Bratwurst vom Strauß und einem kalten Getränk belohnen!

Es versteht sich von selbst, dass sich eine Straußenfarm, die Besucher anlocken will, auch entsprechend herausputzen muss. Schmuddelbetriebe oder Farmer, die gerade in Sachen Tierschutz die erforderliche Sensibilität vermissen lassen, sind in den millionenfachen Posts der sozialen Netzwerke schnell verschrien. Wer dagegen durch eine attraktive Umgebung und ein reizvolles Angebot überzeugt, kann viel Geld für teure Werbung sparen.

Beliebte Attraktion: Balancieren auf einem Ei

Praxis-Tipp

Es gibt auch Wünsche, die Sie einem Gast unter keinen Umständen erfüllen sollten, dazu gehört vor allem das Reiten auf einem Strauß, das vielfach nachgefragt wird. Wenn Sie hier nachgeben, geraten Sie in den Mitgliedsstaaten der EU nicht nur mit dem Tierschutzgesetz in Konflikt, da Straußenreiten hier verboten ist, Sie bringen sich und Ihr Unternehmen auch schnell ins Kreuzfeuer öffentlicher Kritik. Tatsächlich ist Straußenreiten zwar eine beliebte Touristenattraktion südafrikanischer Straußenfarmen, für das Tier bedeutet der „Spaß" aber eine mitunter lebensbedrohliche Stressbelastung. Strauße sind nun einmal nicht an Reiter zu gewöhnen. Darüber sollten auch die fragwürdigen Tricks nicht hinwegtäuschen, mit denen Strauße auf südafrikanischen Farmen als „Reittiere" gefügig gemacht werden.

Wichtig: Sorgen Sie immer dafür, dass Ihre Besucher nie mit den Tieren in direkten Kontakt kommen. Menschen können durch unsichtbare Keime Tiere gefährden und umgekehrt! Dies gilt nicht nur für Zeiten der Geflügelpest. Wer seine Tiere streicheln lässt, setzt deren Leben aufs Spiel und auch die Gesundheit seiner Besucher. Wenn eine Straußenhenne einen durchgesteckten Ohrring ausreißt, tut das dem Opfer nicht nur höllisch weh, das Malheur kostet den Halter vor allem viel Geld!

Vermarktungsstrategie

Wenn Sie sich für einen Vermarktungsweg entschieden und auch die Frage geklärt haben, ob Tourismus oder lieber doch nicht, müssen Sie überlegen, wen Sie mit Ihrem Angebot erreichen wollen, und wie Sie das bewerkstelligen wollen. Gesucht ist also eine Vermarktungsstrategie. Sie entscheidet, in welchem Marktsegment Ihr Unternehmen angesiedelt ist, eher im oberen, das sich durch qualitativ hochwertige und entsprechend präsentierte Erzeugnisse an bewusste Käufer richtet, oder aber im Niedrigpreisbereich, der sich weniger an Qualität, sondern vielmehr an der Menge der verkauften Ware orientiert.

Hintergrund-Info

Die traditionellen Hersteller von Straußenlederwaren legen Wert auf ein luxuriöses Image ihrer hochpreisigen Produkte. Diese werden von entsprechend zahlungskräftiger Kundschaft zwar nicht jeden Tag gekauft, doch wenn sie gekauft werden, stimmt die Kasse beim Verkäufer. Manche Straußenhalter bieten dagegen eigene Lederprodukte, die ohne besondere Designidee von einer unbekannten Lederwerkstatt gefertigt werden, zu Billigpreisen an.
Oder beim Fleisch: Der eine Direktvermarkter verkauft eher hochpreisig, berät den Kunden aber individuell und gibt ihm Rezeptvorschläge mit, der andere will ohne großen Aufwand verkaufen und begnügt sich mit niedrigen Preisen. Doch der alternative Grundsatz „Die Menge macht's" kann beim Strauß nicht funktionieren, da es diese Menge ganz einfach nicht gibt.

Nur hohe Qualität bringt dauerhaften Gewinn

Abgesehen davon, dass der eine Vermarkter mit seiner Strategie Geld verdient, der andere wohl eher nicht, darf die Langzeitwirkung der unterschiedlichen Strategien nicht übersehen werden: Fleisch, das – wie Putenfleisch – beim Verbraucher als billig bekannt wird, kann man später nur sehr schwer zu einem höheren Preis verkaufen, und Leder, zu billigen Produkten verarbeitet, erweckt beim Kunden den Eindruck der Beliebigkeit. Ob wahr oder nicht: Der Sinnspruch „Was nichts kostet, ist auch nichts wert" ist in vielen Verbraucherköpfen fest verankert.

Billigprodukte schmälern nicht nur den Erlös des Verkäufers, sie schaden auch dem Image der Ware, und diese gibt es vielfältig. Straußenfleisch ist nicht nur rar, sondern auch außergewöhnlich gut, es hat daher zu Recht den Ruf des Besonderen. Wer diesen Ruf durch Verramschen ruiniert, und wer sich – wie mancher Billiganbieter unter den Farmen selbst einräumt – mangels kaufmännischer Grundkenntnisse nicht traut, für sein Produkt einen adäquaten Preis zu verlangen, sägt letztlich am Ast, auf dem er sitzt.

Ziel der Vermarktungsstrategie muss daher, neben der Entscheidung für die eine oder andere Kundenklientel, ein möglichst positives Image der angebotenen Produkte sein.

Praxis-Tipp

Um langfristig den Vermarktungserfolg von Straußenprodukten zu sichern, muss jeder Halter alles tun für ein möglichst gutes Image seiner Haltung und damit seiner Erzeugnisse. Stallhaltung beispielsweise geht gar nicht, sie würde den Strauß in bedenkliche Nähe zur umstrittenen Massenproduktion von herkömmlichem Geflügelfleisch rücken, das den Einsatz großer Mengen von Antibiotika voraussetzt. Wer hier mit dem Feuer spielt, verbrennt leichtfertig die

Vermarktungschancen von Straußenfleisch – ein Lebensmittel, das diesen Namen noch verdient, und das gerade wegen seines gesundheitlichen Wertes vom kritischen Verbraucher geschätzt wird, der für Qualität gern mehr Geld ausgibt. „Green and clean" oder „natürlich erzeugt und unbelastet" muss daher die Parole für jeden verantwortungsbewussten Straußenhalter lauten.

Wirtschaftliche Produktion

Ein Unternehmen erreicht eine wirtschaftliche Produktion, indem es mit möglichst geringem Aufwand einen möglichst hohen Wert produziert. Auf die Straußenzucht bezogen bedeutet dies:

- Niedrige Festkosten: also keine teuren Stallbauten für Tiere, für die einfache Unterstände ausreichen, Auslastung der betrieblichen und personellen Kapazitäten, ohne die Bedürfnisse der Strauße zu beeinträchtigen.
- Niedrige Betriebskosten: also konsequente Weidehaltung, preisbewusste Auswahl der Futterkomponenten, keine Pelletfütterung, die meist nicht bedarfsgerecht und viel zu teuer ist.
- Beste Qualität bei hoher Quantität (Produktmenge): also Steigerung des Fleischgewichts pro Tier durch Auswahl der Zuchtrasse bzw. sorgfältige Selektion, Optimierung des Ergänzungsfutters.

Rassenbedingte Unterschiede beim Strauß

Farmstrauße unterscheiden sich je nach Rasse ganz erheblich in Größe, Wachstum und Fleischausbeute. Als Faustregel gilt:

Der klassische südafrikanische Federstrauß und der Schwarzhalsstrauß (Black Neck) erreichen ihre Schlachtreife mit etwa 14 Monaten. Ab diesem Zeitpunkt flacht die Wachstumskurve (siehe Grafik) so ab, dass die Haltungskosten den Wert eines weiteren Wachstums über-

Strauß ist nicht gleich Strauß

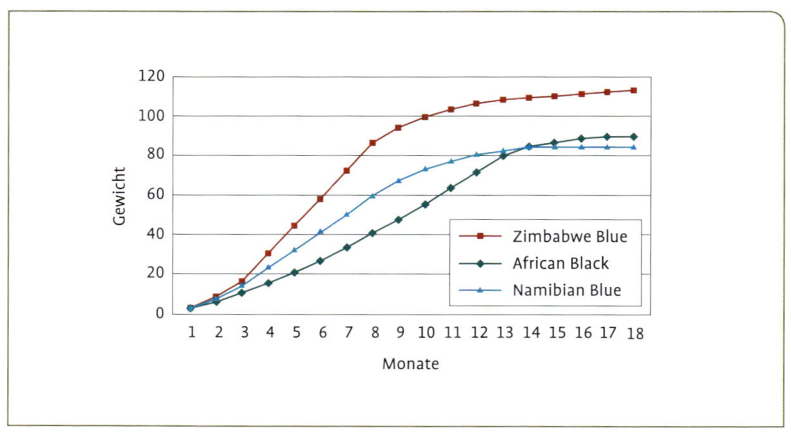

steigen würden. Das Lebendgewicht liegt dann bei ca. 90 kg, die Fleischausbeute bei etwa 25 kg (inklusive Verarbeitungsfleisch).

Der namibische Blauhalsstrauß (Namibian Blue) erreicht sein optimales Schlachtgewicht von 90–100 kg zwischen dem 16. und 18. Monat und liefert dann ebenfalls ca. 25 kg Fleisch.

Der Blauhalsstrauß aus Zimbabwe (Zimbabwe Blue) oder Botswana erreicht die Schlachtreife bei einem Lebendgewicht von über 100 kg um den 10. Monat. Die Fleischausbeute beträgt insgesamt etwa 35 kg.

Der wesentliche Unterschied zwischen den einzelnen Rassen besteht also neben der Fleischausbeute vor allem im Wachstumspotenzial und der dadurch bedingten kürzeren oder längeren Aufzucht.

- Auch in Südafrika machen die Futterkosten bei der Aufzucht von Straußen den überwiegenden Teil der Gesamtkosten aus. Daher werden dort heute alle Rassen nach etwa 10–12 Monaten geschlachtet. Während der Zimbabwe Blue dann bereits das optimale Schlachtgewicht erreicht hat, liegt die Fleischausbeute bei den anderen Rassen um ca. 20 kg. Der Mindererlös beim Fleisch ist letztlich aber wirtschaftlicher als die zusätzlichen Haltungskosten bis zum optimalen Schlachtgewicht.
- Auch für den Halter in Europa kann sich eine frühere Schlachtung rechnen. Gerade in Mitteleuropa liegen die Futterkosten bei guter Raufuttergrundlage auf der Weide deutlich niedriger als in einer heißen und überwiegend trockenen Region. Dafür sind Fläche und Personal erheblich teurer.
  Wer mit der Schlachtung bis zum Erreichen des optimalen Schlachtgewichts warten will, sollte daher die zusätzlichen Personalkosten berechnen. Viel wichtiger noch: Beim Namibian Blue, der auf europäischen Weiden meist zu finden ist, vergrößert sich der Flächenbedarf durch die längere Standzeit im Vergleich zum Zimbabwe Blue um das Doppelte!
- Der Verbraucher profitiert von einer früheren Schlachtung ebenfalls: Da sich im Muskel der Anteil des Bindegewebes mit zunehmendem Alter stark erhöht, ist das Fleisch jüngerer Tiere erheblich zarter und vom Geschmack her feiner. Außerdem ist Leder aus einer jungen Haut deutlich weicher als das aus der Haut eines 18 Monate alten Straußes.

Praxis-Tipp

Nicht das billigste Tier ist das beste, sondern eines, bei dem das Preis-/Leistungsverhältnis am günstigsten ist. Ein Zuchttier, das um 50 % billiger gekauft wurde, ist aus betriebswirtschaftlicher Sicht sehr kostspielig, wenn die Nachkommen des teureren Zuchttiers wesentlich mehr Fleisch liefern.

Dies gilt auch für das Futter: Untersuchungen zeigen, dass bei guten genetischen Anlagen allein durch Verbesserung der Weidesituation und eine Optimierung des Ergänzungsfutters eine Steigerung der Fleischproduktion von mehr als 30 % möglich ist. Ein Strauß frisst vieles, aber nicht alles, was er frisst, ist gut für seine Entwicklung und speziell für den Fleischansatz. Hier gilt es vor allem, die in zahlreichen wissenschaftlichen Arbeiten nachgewiesene gute Rohfaserverwertung des Straußes zu beachten.

Im südlichen Afrika wird es von der Politik gern gesehen, wenn ein Unternehmen angesichts der schwierigen Arbeitsmarktlage möglichst viele Mitarbeiter beschäftigt. Im Gegensatz zu Europa, wo sich der Mindestlohn immer mehr durchsetzt, belassen es die Regierungen von Südafrika, Botswana, Zimbabwe oder Malawi bewusst bei einem niedrigen Lohnniveau, um die soziale Sprengkraft der Massenarbeitslosigkeit, vor allem der schwarzen Bevölkerung, zu mindern. Auf einer südafrikanischen Straußenfarm sind daher teilweise weit über 100 Mitarbeiter beschäftigt.

Nach europäischen Erfahrungen können aber zwei Arbeitskräfte eine jährliche Produktion von bis zu 500 Jung- bzw. Schlachttieren bewältigen. Werden weniger Tiere erzeugt, beeinträchtigen gleichbleibende Personalkosten die Wirtschaftlichkeit. Statt einen Mitarbeiter zu entlassen, der dann wegen Urlaub oder freier Tage des anderen als Aushilfe doch wieder benötigt wird, ist es sinnvoller, die vorhandenen personellen Kapazitäten auszulasten und entsprechend viele Tiere zu erzeugen. Daher ist bei einem Ausbau der Tierproduktion aus betriebswirtschaftlichen Gründen auch wichtig, dass die Kapazitätsobergrenze, die weitere Mitarbeiter bewältigen können, möglichst zügig zumindest annähernd erreicht wird.

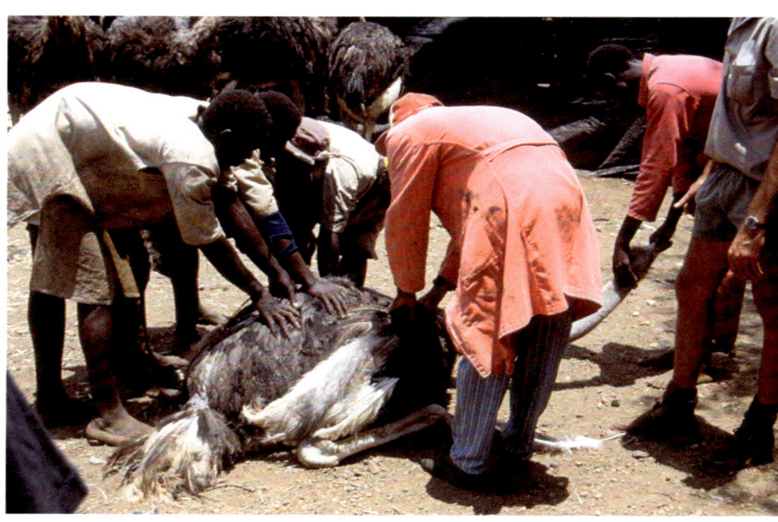

In Afrika ist die Arbeit billig – in Europa das Futter

Die Auslastung der Kapazitäten ist nicht nur beim Personal wichtig, sondern für jeden Bereich einer Farm. Ein Beispiel: Ein Brutraum muss schon wegen der erforderlichen Vortrocknung bzw. Kühlung der Raumluft eine bestimmte Mindestgröße haben. Bei einer Verdoppelung der Brutkapazität ist jedoch nur eine Vergrößerung des Brutraumes von ca. 30 bis maximal 50 % erforderlich. Die Gesamtkosten für einen Eiplatz, die sich aus den Raumkosten und dem technischen Equipment wie der Brutmaschine errechnen, sinken also im Vergleich zu den Kosten pro Ei vor der Erweiterung des Brutraums. Wird der aber nicht genutzt, um entsprechend mehr Eier zu bebrüten, gehen die Kosten nach oben und zu Lasten der Wirtschaftlichkeit.

16 Systematik des Straußes und anatomische Besonderheiten

Der Strauß gehört zur Ordnung der Ratitae (rates = lat. Floß) oder Flachbrustvögel, denen als Hauptunterscheidungsmerkmal zu anderen Vögeln der Brustbeinkiel (Carina) fehlt. Alle Flachbrustvögel sind flugunfähig. Es gibt heute noch fünf Ordnungen: die Strauße, die Nandus, die Kasuare (einschließlich Emus), die Kiwivögel und die Steißhühner.

Die Ordnung der Strauße ist heute noch durch vier Unterarten vertreten:

- den Nordafrikanischen Strauß *(S. camelus camelus)*,
- den Ostafrikanischen Strauß *(S. c. massaicus)*,
- den Somalistrauß *(S. c. molybdophanes)*
- und den Südafrikanischen Strauß *(S. c. australis)*.

Das Gefieder des Hahnes ist mehr oder weniger tiefschwarz gefärbt, Schwanz- und Schwungfedern sind weiß. Die Farbe der Henne ist graubraun, Küken tragen dunkelbraune Linien und Punkte auf hellbraunem Untergrund. Männliche Tiere zeigen besonders zur Paarungszeit intensiv rot gefärbte Bereiche auf den Dorsalflächen von Schnabel und Läufen, deren Intensität innerhalb der Unterart mit dem Blutandrogengehalt korreliert.

S. c. camelus stellt die größte Unterart. Er zählt zusammen mit dem Ostafrikanischen Strauß zu den Rothalsstraußen. Die beiden anderen Unterarten werden als Blauhalsstrauße bezeichnet, da die Haut beim männlichen Tier eine mehr bläulich bleierne Farbe aufweist. Der Südafrikanische Strauß stellt die kleinste Unterart dar.

S. c. camelus war früher bis nach Arabien und Syrien verbreitet. Heute ist sein Verbreitungsgebiet auf Nordafrika, nördlich der Sahara, begrenzt. *S. c. molybdophanes* lebt am Horn von Afrika, *S. c. massaicus* in Kenia und der Serengeti, *S. c. australis* im südlichen Afrika bis Zimbabwe.

Der afrikanische Farmstrauß stellt eine Varietätenkreuzung aus *S. c. camelus* und *S. c. australis* dar. Er zählt zu den Blauhalsstraußen, wird aber in der amerikanischen Literatur als „African Black" bzw. *S. c. domesticus* bezeichnet. Infolge seiner intensiven züchterischen Bearbeitung unterscheidet er sich durch seine Federqualität und -anzahl, durch eine um zwei Jahre vorverlegte Geschlechtsreife und eine erhöhte Legeleistung deutlich von den vier wild lebenden Unterarten.

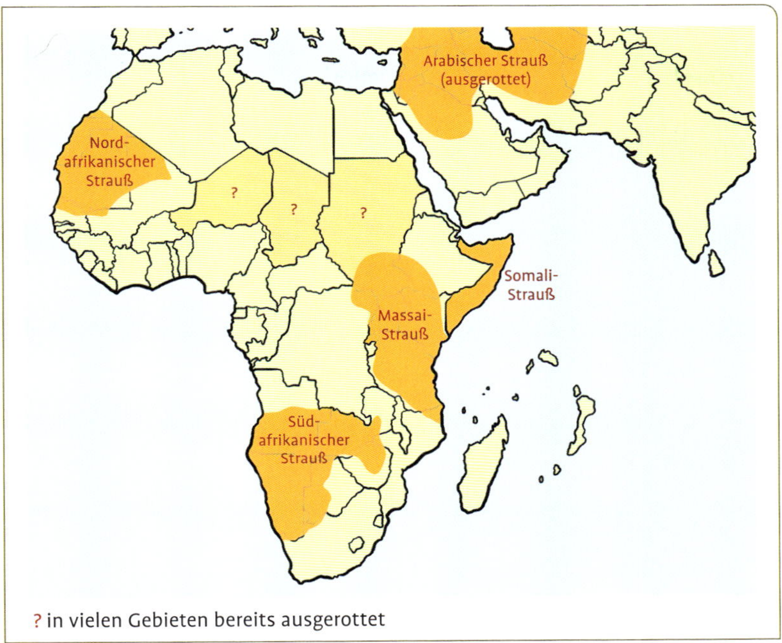

Verbreitung afrikanischer Strauße
1 Nordafrikanischer Strauß *(Struthio camelus camelus)*
2 Arabischer Strauß (*Struthio camelus syriacus* – ausgerottet)
3 Somalistrauß *(Struthio camelus molybdophanes)*
4 Massaistrauß *(Struthio camelus massaicus)*
5 Südafrikanischer Strauß *(Struthio camelus australis)*
In diesen Gebieten Afrikas und Vorderasiens war der Strauß *(Struthio camelus)* noch vor wenigen Jahrzehnten verbreitet. Inzwischen wurde er in vielen Gegenden ausgerottet (Grzimeks Tierleben, 1980).

Tab. 1: Systematik der Straußenvögel und ihrer Verwandten

Überordnung Flachbrustvögel		
Ordnung	Art	Unterart
Strauße (Struthioniformes)	*Struthio camelus*	S. c. *camelus* (Nordafrikanischer Strauß) S. c. *massaicus* (Massaistrauß) S. c. *Molybdophanes* (Somalistrauß) S. c. *australis* (Südafrikanischer Strauß)
Nandus (Rheiformes)		
Kasuarvögel (Casuariiformes)		
Kiwis (Apterygiformes)		Familie: Kasuare Familie: Emus
Steißhühner (Tinamiformes)		

Tab. 2: Unterarten des wild lebenden Straußes

Merkmal/ Unterart	Nordafrikanischer Strauß	Ostafrikanischer Strauß	Somali-Strauß	Südafrikanischer Strauß
Hahn				
Gefieder	pechschwarz	braunschwarz	pechschwarz	pechschwarz
Schwungfedern	weiß			
Halsfarbe	rot	rötlich	blaugrau	blaugrau
Halsbefiederung	spärlich, weißer Ringsaum	stark weißlich, reicht höher hinauf	Weißer Ringsaum	ohne Ringsaum, unteres Drittel befiedert
Hautfarbe	rot	rosig	blaugrau	helles Grau
Besonderheit	runde kahle Stelle auf Oberschädel		Oberkopf kahl	
Größe	2,45–2,75 m	2,30–2,70 m	2,30–2,70 m	2,10–2,50 m
Gewicht	125 kg	115–120 kg	115–120 kg	110 kg

Tab. 3: Daten zur Biologie des Straußes

Lebensform	Natur	Domestiziert in Afrika	Domestiziert in Europa
Gesamthöhe männlich: weiblich:	 2,10–2,70 m 1,75–2,50 m		
Gewicht:	110–150 kg		
Alter:	30–70 Jahre	bis 25 Jahre nutzbar	
Geschlechtsreife:	4–5 Jahre	3–4 Jahre	1,5–2 Jahre
Balzzeit:	September–Februar		Februar–September
Legeleistung:	12–18 Eier	20–60 Eier (bei Wegnahme)	
Schlupfquote:	10–30 %	40–80 %	40–90 %
Kükenverluste:	50–90 %	10–30 %	< 1–> 30 %

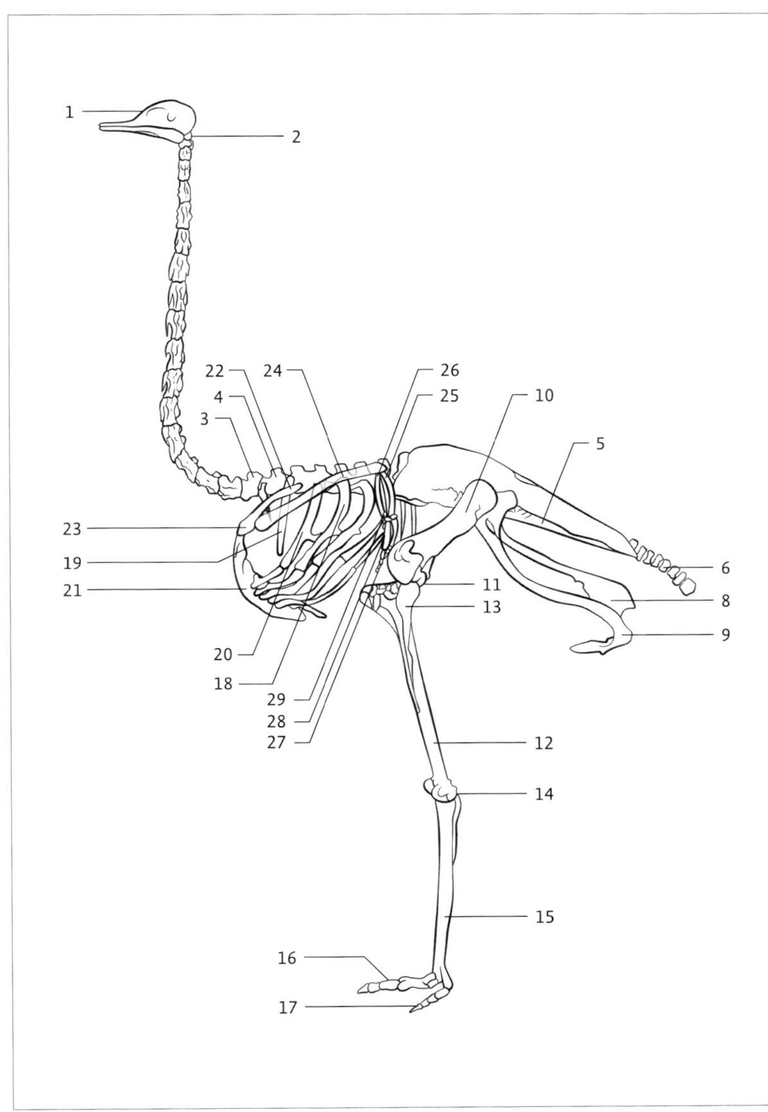

Straußenskelett
1 Schädel
2 1. Halswirbel (Atlas)
3 18. Halswirbel
4 1. Brustwirbel
5 Sakralwirbel
6 Schwanzwirbel
7 Darmbein (Ilium)
8 Sitzbein (Ischium)
9 Schambein (Pubis)
10 Oberschenkelbein (Femur)
11 Kniegelenk
12 Schienbein (Tibia)
13 Wadenbein (Fibula)
14 Sprunggelenk
15 Lauf (Tibiotarsus)
16 3. Zehe
17 4. Zehe
18 Echte Rippe
19 Fleischrippe
20 *Processus uncinatus*
21 Brustbein (Sternum)
22 Schulterblatt (Scapula)
23 Rabenschnabelbein (Coracoid)
24 Oberarmknochen (Humerus)
25 Elle (Ulna)
26 Speiche (Radius)
27 Mittelhand
28 Fingerknochen
29 Daumen

Grundlagen der Genetik und Zucht

Das äußere Erscheinungsbild (Exterieur), Gesundheit, Wohlbefinden, Leistung und Verhalten ergeben sich aus der Summe umweltbedingter und genetischer Einflüsse, die auf ein Tier einwirken und es formen. Zu den umweltbedingten Einflüssen gehören Fütterung und Haltung. Die Summe der genetischen Faktoren bezeichnet man als Konstitution. Sie gibt den Rahmen vor, innerhalb dessen sich Anpassungsfähigkeit und Leistung eines Tieres entwickeln können. Die Umweltfaktoren füllen die Details aus. Sie entscheiden in ihrer Gesamtheit darüber, ob positive Anlagen optimal zur Geltung gebracht und negative unterdrückt werden können, oder ob sich das Gegenteil einstellt.

Umweltfaktoren können ihre Wirkung nicht über die genetisch vorgegebenen Grenzen hinaus entfalten. Somit können tief greifende genetische Probleme auch von einer noch so optimalen Umwelt nicht ausgeglichen werden, während eine stabile Konstitution auch suboptimale Umweltbedingungen aufzufangen und abzumildern vermag.

Es ist eine wichtige Aufgabe der Züchtung, wertvolle Gene zu erkennen und in der Population zu vermehren sowie die Ausbreitung negativer Gene einzudämmen. Dabei ergibt sich das Problem, anhand des Äußeren eines Tieres (Phänotyp) auf die zugrunde liegenden Gene (Genotyp) zu schließen. Der Zusammenhang zwischen Phäno- und Genotyp kann sehr unterschiedlich sein. Monogene Merkmale werden durch die Ausprägung eines Einzelgens bedingt. Sie werden in überschaubarer Weise nach den Mendel'schen Regeln dominant/rezessiv oder intermediär vererbt.

Die wesentlichen Prinzipien der Genetik ergeben sich daraus, dass jedes Tier einen doppelten Gensatz trägt, da es von jedem Elternteil einen Gensatz erhalten hat. Jedes Elterntier gibt aber mit seinen Geschlechtszellen nur einen Gensatz an seine Nachkommen weiter, sonst hätten diese ja einen vierfachen Gensatz.

Hahn	Henne
A A	A a

In unserem Beispiel betrachten wir eines der etwa 30 000 Gene eines Straußes. Wir bezeichnen es als Gen A. Die Normalform wird mit A, die Mutationsform desselben Genes mit a bezeichnet. Der Hahn in unserem Beispiel soll in beiden Gensätzen die Form A tragen, er ist dann reinerbig. Die Henne unseres Beispiels trägt in einem Gensatz A, im anderen a, sie ist mischerbig. Der Hahn kann für dieses Gen also nur A-Gameten bilden. Die Eier der Henne enthalten (zufällig verteilt) zu jeweils 50 % A und a. Dies ergibt bei den Küken eine jeweils 50 %ige

Genanordnung von AA und Aa. Sie werden also zur Hälfte reinerbig bzw. mischerbig.

Bei den meisten Erbkrankheiten handelt es sich um rezessive Genvarianten. Sie entstehen spontan durch Mutation, können aber äußerlich nicht festgestellt werden, da ihre Wirkung von der gesunden Genvariante auf dem zweiten Gensatz, dem dominanten Gen, unterdrückt wird. Dadurch verbreitet sich das Gen unbemerkt in der Population:

A = normales Gen, dominant
a = mutiertes Gen, rezessiv

Eltern:	Normales Tier		Mutationsträger	
Genotyp:	AA	Aa		
mögliche Kombinationen:			AA	Aa
bei den Nachkommen:		50 %	50 %	

In diesem Fall bedeutet eine Weitergabe des Defektgenes keinen Schaden für die Nachkommen und damit auch keine Verbreitung in der Population. Erst wenn schon zahlreiche Tiere Träger des Defektgenes sind, oder bei Inzucht, steigt die Wahrscheinlichkeit, dass beide Eltern Träger sind und das Defektgen in reinerbiger Form in einem Nachkommen auftritt. Erst jetzt hat der Defekt negative Folgen. 25 % der Nachkommen sind davon betroffen:

Anpaarung von Verwandten:	Aa	Aa	
Keimzellen:	A und	aA und	a
Kombinationen:	AA (25 %),	2Aa (50 %),	aa (25 %)

Klassische Folgen sind in diesem Fall Vitalitätsverluste und Fruchtbarkeitsprobleme. Die Wahrscheinlichkeit für ein Tier, auf jedem seiner beiden Chromosomen das gleiche defekte Gen zu tragen, wächst mit der genetischen Ähnlichkeit seiner Eltern, also dem Inzuchtgrad. Je weniger Tiere die Ausgangspopulation bilden und je enger diese Tiere miteinander verwandt sind, desto größer ist der Inzuchtkoeffizient. Je kleiner die aktuelle Zuchtpopulation und je weniger über die Abstammung der Zuchttiere und deren Verwandtschaftsgrad zueinander bekannt ist, umso größer ist die Inzuchtgefahr in einer Population.

Wichtig: Alle vier Voraussetzungen treffen auf die Straußenzucht außerhalb Südafrikas zu. Dies bedeutet, dass eine gezielte Zuchtplanung unerlässlich ist.

Service

Gesetze im Zusammenhang mit der Straußenhaltung

Die gesetzlichen Rahmenbedingungen einer Straußenhaltung unterscheiden sich von Land zu Land und wegen teilweise regionaler Zuständigkeiten auch von Region zu Region.

Beispiel Tierschutz: Hier in Deutschland ist als Gesetzgeber der Bund zuständig, die Umsetzung des Bundesgesetzes liegt aber in der Verantwortung der Bundesländer. Die eigentlich überall gleiche Rechtsgrundlage kann also durch regionale Vorgaben beeinflusst oder sogar völlig verändert werden.

Die Interpretation und Umsetzung der gesetzlichen Vorgaben bzw. Einzelbestimmungen der Länder vor Ort ist schließlich Sache des zuständigen Amtsveterinärs. Von seiner individuellen Entscheidung hängt also ab, welche Voraussetzungen ein angehender Straußenhalter erfüllen muss bzw. welche nicht.

Da auf dieser Grundlage hier keine verlässliche Aussage zu einem Einzelprojekt möglich ist, werden nachfolgend nur die gesetzlichen Grundlagen genannt, die bei der Genehmigung einer Straußenfarm eine Rolle spielen können bzw. von einem Tierhalter beachtet werden müssen.

Europäisches bzw. internationales Recht

- Convention on International Trade in Endangered Species of Wild Fauna and Flora (CITES = *Übereinkommen über den internationalen Handel mit gefährdeten Arten frei lebender Tiere und Pflanzen*). Auch Washingtoner Artenschutzübereinkommen
- Empfehlungen für die Haltung von Straußenvögeln (Strauße, Emus und Nandus) des Ständigen Ausschusses des Europäischen Übereinkommens zum Schutz von Tieren in landwirtschaftlichen Tierhaltungen, angenommen am 22. April 1997 („Europaratsempfehlung")
- Verordnung (EG) Nr. 1099/2009 des Rates vom 24. September 2009 über den Schutz von Tieren zum Zeitpunkt der Tötung
- Verordnung (EG) Nr. 1/2005 des Rates vom 22. Dezember 2004 über den Schutz von Tieren beim Transport und damit zusammenhängenden Vorgängen
- IATA-Richtlinie für den Transport von lebenden Tieren
- Die Verordnungen (EG) Nr. 852/2004, Nr. 852/2004 und Nr. 854/2004 des Europäischen Parlaments und des Rates vom 29. April 2004 über Lebensmittelhygiene bzw. Hygienevorschriften für Lebensmittel tierischen Ursprungs bzw. zu besonderen Verfahrensvorschriften für die amtliche Überwachung von zum menschlichen Verzehr bestimmten Erzeugnissen tierischen Ursprungs

Nationales Recht (am Beispiel Deutschland)

- Tierschutzgesetz
- Allgemeine Verwaltungsvorschrift zur Durchführung des Tierschutzgesetzes
- Tierschutz-Transportverordnung
- Verordnung über das innergemeinschaftliche Verbringen sowie die Einfuhr und Durchfuhr von Tieren und Waren (Binnenmarkt-Tierseuchenschutzverordnung – BmTierSSchV)
- Bundesnaturschutzgesetz
- Bundesartenschutzverordnung
- Tierseuchengesetz (TierSG)
- Gesetz zur Vorbeugung vor und Bekämpfung von Tierseuchen (Tiergesundheitsgesetz – TierGesG)
- Geflügelpest-Verordnung
- Tierische Nebenprodukte-Beseitigungsgesetz (TierNebG)
- Bewertungsgesetz (BewG)

Landesrecht

- Gesetze der Länder wie das Gesetz zum Schutz der Natur, zur Pflege der Landschaften und über die Erholungsvorsorge in der freien Landschaft (Naturschutzgesetz Baden-Württemberg)
- Zuständigkeitsverordnungen der Länder
- Erlasse bzw. Verordnungen der Länder Hessen, Niedersachsen und Schleswig-Holstein zu Bedingungen der Straußenhaltung

Angesichts der Vielzahl von gesetzlichen Bestimmungen und Vorgaben sollte jeder, der sich für die landwirtschaftliche Straußenhaltung interessiert, bei der für ihn zuständigen Behörde die genauen Details erfragen und zwar vor Kauf von Betriebsgelände oder einer Investition im Zusammenhang mit dem geplanten Projekt.

Neben den hier genannten Gesetzen, Verordnungen, Übereinkommen usw. müssen natürlich auch alle allgemeinen gesetzlichen Bestimmungen im Zusammenhang mit einer Unternehmensgründung beachtet werden (Steuerrecht, Arbeitsrecht u. a.).

Richtwerte für Flächenbesatz

Flächenbesatz nach Bewertungsgesetz

Der Strauß ist vom Bundesministerium der Finanzen und den obersten Finanzbehörden der Länder nach § 51 Bewertungsgesetz (BewG) als landwirtschaftliches Nutztier eingestuft. Für den Jahresdurchschnittsbestand gilt als Abgrenzung zur gewerblichen Tierhaltung folgender Vieheinheiten-Schlüssel:

- Jungtiere/Masttiere (bis Ende 13. Monat) = 0,25 Vieheinheiten (VE),
- Zuchttiere (ab 14. Monat) = 0,32 Vieheinheiten (VE).

Nur Tierbestände, die die folgenden Höchstwerte je Hektar nicht übersteigen, gehören damit zur landwirtschaftlichen Nutzung. In die Berechnung einbezogen wird die Gesamtfläche, die der Betriebsinhaber regelmäßig landwirtschaftlich nutzt.

Flächenbesatz nach Naturschutzgesetz

Neben der steuerlichen Obergrenze für den Tierbesatz einer landwirtschaftlichen Fläche gibt es auch aus Gründen des Natur- und Umweltschutzes (u. a. Bodenbelastung bzw. Gewässerschutz) Zahlen, die nicht überschritten werden dürfen. In diesem Fall ist die sogenannte Großvieheinheit (GV) von 500 kg Berechnungsgrundlage.

Der GV-Schlüssel für jede Tierart errechnet sich aus der durchschnittlichen Lebendmasse, die durch 500 geteilt wird. Nach dem GV-Schlüssel des sächsischen Landesamtes für Umwelt, Landwirtschaft und Geologie ergeben sich für den Strauß folgende Großvieheinheiten:

- Zuchttier: 0,24 GV
- Straußenaufzucht (bis 8. Woche): 0,01 GV
- Straußenmast (9.–28. Woche): 0,07 GV
- Straußenaufzucht und -mast (1.–28. Woche): 0,05 GV

Maximalbesatz nach Bewertungsgesetz

Fläche	Vieheinheiten	Alttiere/ha	Jungtiere/ha
bis 20 ha	10 VE	31,25 Tiere	40 Tiere
20–30 ha	7 VE	21,875 Tiere	28 Tiere
30–50 ha	6 VE	18,75 Tiere	24 Tiere
50–100 ha	3 VE	9,375 Tiere	12 Tiere
über 100 ha	1,5 VE	4,6875 Tiere	6 Tiere

Je nach Region bzw. Bundesland ist ein Maximalbesatz von 1–2 GV/Hektar zulässig. Geht man von einem Maximalbesatz von 2 GV/Hektar aus, ergeben sich folgende maximalen Tierzahlen/Hektar:

- Zuchttier: 8 Tiere
- Straußenaufzucht (bis 8. Woche): 200 Tiere
- Straußenmast (9.–28. Woche): 28 bzw. 29 Tiere
- Straußenaufzucht und -mast (1.–28. Woche): 40 Tiere

Praxis-Tipp

Auch Straußenhalter können bei der Regionalverwaltung sogenannte Flächenprämien beantragen, mit der die EU die Landwirtschaft fördert. Diese Förderung orientiert sich aber zunehmend an den Belangen der Umwelt (z. B. Begrenzung des Phosphateintrags in den Boden durch Tierhaltung bzw. Düngung). Wer daher die genannten Besatzdichten überschreitet, gefährdet seinen Zahlungsanspruch. Und er handelt sich Ärger mit der zuständigen Landwirtschaft- bzw. Naturschutzbehörde ein, der sehr teuer werden kann.

Flächenbesatz nach Mindestanforderungen bzw. Richtlinien der Halterverbände

In der Vergangenheit war in Europa nach den Vorgaben der „Europaratsempfehlung" ein deutlich höherer Flächenbesatz ebenso möglich wie in Deutschland: Nach den Mindestflächen des früheren Gutachtens „Mindestanforderungen an die Haltung von Straußen" hätten pro Hektar sogar mehr Strauße gehalten werden können als nach dem Bewertungsgesetz, das die landwirtschaftliche Nutzung von der gewerblichen Tierhaltung abgrenzt.

Die lange praktische Erfahrung europäischer Farmen zeigt aber, dass ein derart dichter Besatz jede Weide ruiniert und damit die Futterkosten in die Höhe treibt. Für eine wirtschaftliche Straußenhaltung sind daher eine nachhaltige Weidebewirtschaftung und damit eine dauerhaft ausreichende Raufuttergrundlage unerlässlich. Die deutschen Halterverbände haben daher in ihren Richtlinien einen deutlich geringeren Tierbesatz festgeschrieben, an denen sich die aktuelle Version des Bundesgutachtens zu den Mindestanforderungen orientiert.

Praxis-Tipp

Bei den unter „Flächenbedarf" genannten Flächen pro Tier handelt es sich um Mindestangaben. Wer eine großflächige Überweidung und dauerhafte Schädigung seiner Weiden vermeiden will, muss erfahrungsgemäß sogar unter dem Maximalbesatz nach GV-Schlüssel bleiben. artgerecht e. V., der Berufsverband Deutsche Straußenhaltung, empfiehlt daher folgende Obergrenze je Hektar:

- Zuchttiere: 8 Tiere in zwei Gehegen
- Straußenaufzucht (bis 11. Woche): 200 Tiere – altersabhängig 70–25 Tiere je Gehege
- Straußenmast (12. Woche bis Schlachtreife nach 12 Monaten): 20 Tiere in zwei Gehegen

Wirtschaftlichkeit in der Straußenhaltung

Ausschlaggebend für den wirtschaftlichen Betrieb einer Straußenfarm sind neben der Produktivität der einzelnen Schlachttiere (Fleischertrag, Haut- und Federqualität) deren Gesamtzahl in einem Betrieb und die Zahl der Schlachttiere je legende Henne und deren Produktionskosten.

Zahl der Schlachttiere

Bei gutem Farmmanagement kann in Mitteleuropa von durchschnittlich 20 Schlachttieren/Henne ausgegangen werden. Unter schlechteren Bedingungen sind aber auch deutlich niedrigere Tierzahlen möglich. So erreichen die Straußenfarmen in Südafrika wegen der klimabedingten Nachteile (eher heiß und trocken) im langjährigen Durchschnitt geradeso 8 Schlachttiere/Henne (Pieter van Zyl, Ostrich Experimental Farm – Department of Agriculture, Oudtshoorn, September 2000). 1985 lag die Produktivität der südafrikanischen Farmen sogar nur bei ca. 2,5 und 1995 bei ca. 5 Schlachttieren/Henne.

Die Tabelle „Schlachtstrauße weltweit“ gibt einen Überblick über die Zahl der Schlachttiere in Südafrika, Europa, Deutschland und allen anderen Ländern, in denen Strauße gehalten werden (Sonstige). Hier haben ab der Jahrtausendwende vor allem China, Brasilien, Osteuropa (vor allem Ukraine und Russland) und Asien (vor allem Pakistan, die arabischen Staaten und die südlichen Staaten im Fernen Osten) eine Produktion aufgebaut, die nach 2005 den bisherigen Weltmarktführer Südafrika zunehmend in den Schatten stellten. Europa oder etwa Deutschland spielen im Konzert dieser Großerzeuger nicht einmal an-

Schlachtstrauße weltweit (Angaben: NOPSA*/Food and Agriculture Organization (UN)/Foreign Agricultural Service USDA)

	Südafrika	Europa	Deutschland	Sonstige	Gesamt
1995	213 000	0	0	38 000	251 000
1997	300 000	1 000	< 200	100 000	401 000
2000	230 000	5 000	< 1 000	40 000	277 000
2002	280 000	10 000	2 000	75 000	370 000
2003	300 000	11 000	3 000	60 000	371 000
2005	75 000	12 000	3 500	55 000	145 000
2009	220 000	10 000	3 000	550 000	780 000
2012	15 000	5 000	4 000	600 000	632 000
2016	150 000	10 000	3 500	500 000	660 000

* NOPSA = National Ostrich Processors of South Africa

nähernd eine Rolle, obwohl Europa der größte Markt für Straußenprodukte ist.

Einige Erzeugerländer, die heute noch vielfach als bedeutende „Straußenländer“ gelten, haben Ende des 20. Jahrhunderts ihre frühere Bedeutung völlig oder weitgehend verloren. In Namibia und Israel ist die kommerzielle Straußenhaltung wegen mangelnder Wirtschaftlichkeit nahezu völlig eingestellt, in Australien wurden im Jahr 2000 statt der ursprünglich prognostizierten 500 000 Tiere gerade einmal 35 000 geschlachtet, im Jahr 2016 sogar nur noch ca. 15 000. Die hauptsächlichen Ursachen in allen Fällen: zu trockenes Klima und zu hohe Futterkosten.

Der tatsächliche Erlös einer Straußenfarm wird nicht mit statistischen Werten erzielt, sondern mit den tatsächlich verfügbaren Tieren. Die weichen gerade in Europa stark von den Zahlen ab, die von den Einzelbetrieben genannt oder prognostiziert werden. So ergab eine Umfrage von artgerecht e. V., dem Berufsverband Deutsche Straußenzucht, bei etwa 100 deutschen Betrieben mit Schlachtnachwuchs im Sommer 2011 einen angeblichen Bestand von nahezu 10 000 Schlachttieren.

Das Statistische Bundesamt, das 2011 erstmals die offizielle Zahl der gemeldeten Schlachtungen ermittelte, führt in seinem Jahresbericht eine völlig andere Zahl auf: 1783 Schlachtungen im Jahr 2011 – im gesamten Bundesgebiet. Selbst wenn nicht alle Schlachtungen gemeldet bzw. erfasst worden sein sollten, wurden in Deutschland im Jahr 2011 maximal 3000 Strauße geschlachtet, statistisch gesehen pro angefragtem Betrieb also 30 Tiere.

Notiz am Rande: Das Statistische Bundesamt hat angesichts der geringen Zahl danach keinen weiteren Versuch unternommen, die Schlachtungen von Straußen in Deutschland zu ermitteln.

Fleischproduktion

Von der Zahl der tatsächlichen Schlachtungen hängt die Fleischmenge ab, die dem Markt zur Verfügung steht. In Deutschland waren dies im Jahr 2016 etwa 120 Tonnen Straußenfleisch aus deutscher Erzeugung. Zum Vergleich: Im selben Zeitraum erreichte die gesamte Fleischproduktion in Deutschland mit 8,25 Millionen Tonnen einen neuen Höchststand. Der Anteil von Straußenfleisch belief sich auf 0,0015 %.

Die Tabelle „Welt-Fleischproduktion“ vergleicht die Menge des Straußenfleischs, das dem Weltmarkt zur Verfügung steht, mit der Menge an Rindfleisch und der gesamten Fleischmenge (ohne Geflügel), die im jeweiligen Jahr weltweit erzeugt wurde.

Die tatsächliche Menge des erzeugten Straußenfleischs dürfte real mehr als doppelt so hoch sein: Die Schlachtungen in China, Brasilien, Osteuropa (vor allem Ukraine und Russland) und Asien (vor allem Pakistan, die arabischen und die südlichen Staaten im Fernen Osten)

Welt-Fleischproduktion (Angaben: NOPSA/IOA/GOP* – Food and Agriculture Organization (UN) – Foreign Agricultural Service/USDA)					
Jahr	Strauß t	Rind Mio. t	Anteil Strauß	Fleisch ges. Mio. t	Anteil Strauß
2000	5800,0	59,9	0,0100 %	235,1	0,0025 %
2005	1500,0	63,1	0,0020 %	265,2	0,0005 %
2010	4400,0	64,9	0,0060 %	296,2	0,0015 %
2011	1000,0	65,8	0,0015 %	300,0	0,0003 %
2012	350,0	67,0	0,0005 %	310,0	0,0001 %
2015	ca. 1000,0	ca. 70,0	0,0014 %	ca. 315,0	0,0003 %
2017	ca. 2000,0	ca. 72,0	0,0028 %	ca.320,0	0,0006 %

* NOPSA = National Ostrich Processors of South Africa IOA = International Ostrich Association
GOP = The German Ostrich Producers (Berufsverband Deutsche Straußenzucht)

spielen außerhalb dieser Länder bisher keine Rolle, da dieses Fleisch ausnahmslos in den jeweiligen Ländern verbraucht wird.

Dies wird sich in Zukunft aber ändern. Länder wie Brasilien oder die Ukraine verfügen inzwischen über erhebliche Schlachttierbestände und streben die EU-Zertifizierung ihrer Schlachtbetriebe an. Es muss also damit gerechnet werden, dass das auf dem freien Weltmarkt verfügbare Straußenfleisch deutlich zunehmen wird. Es ist daher zu erwarten, dass der Preisdruck auf die Erzeuger mittelfristig zunehmen wird.

Wirtschaftlichkeitsberechnung

Die Tabelle „Beispiel Wirtschaftlichkeitsberechnung" geht von durchschnittlichen Gewichten, realen Verkaufspreisen an einen Wiederverkäufer (Einzelhandel oder Großhandel – Stand Januar 2017) und durchschnittlichen Verkaufspreisen deutscher Direktvermarkter aus. Sie gibt Anhaltspunkte für eine individuelle Berechnung.

Die tatsächlichen Werte können sich erheblich ins Positive oder Negative verkehren, wenn sich Ertrag bzw. Preise ändern oder nicht den genannten Durchschnittswerten entsprechen. Dies gilt auch für die Kosten, die – hier grob zusammengefasst – für eine aussagekräftige Berechnung im Detail analysiert und aufgeführt werden müssen.

Praxis-Tipp

Wirtschaftlich arbeiten kann nur der Straußenhalter, der das gesamte Tier verwertet. In der Vergangenheit konzentrierten sich die Erzeuger in Europa und in Deutschland fast ausschließlich auf den Verkauf des Straußenfleisches. Flügel, Federn, Sehnen oder Fett wurden oft ebenso als Schlacht„abfälle" entsorgt wie Leber oder Haut, nur weil der Aufwand, einen Käufer zu finden, höher eingeschätzt wurde als der mögliche Erlös.

Beispiel Wirtschaftlichkeitsberechnung Straußenaufzucht (Ertrag – Preise – Erlös – Gewinn je Tier im Vergleich Handel/Direktvermarktung – Stand Januar 2017)

	Gewicht	VK Handel netto	Erlös	VK Direkt brutto	Erlös		Kosten Handel	Kosten Direkt
	kg/Tier	€/kg	€/kg	€/kg	€/kg		€	€
Fächerfilet	3,00	18,00	54,00	39,00	117,00			
Filet	6,00	18,00	108,00	37,00	222,00			
Steak Oberkeule	9,00	15,00	135,00	30,00	270,00			
Steak Unterkeule	7,00	15,00	105,00	30,00	210,00	**Küken**	100,00	100,00
Gulasch	4,00	8,00	32,00	19,00	76,00	**Abschreibung**	20,00	200,00
Wurstfleisch	8,00	4,00	32,00	5,00	40,00	**Variable Kosten**	200,00	300,00
Oberflügel	1,00	1,00	1,00	4,00	4,00			
Leber	1,50	3,00	4,50	10,00	15,00	**Festkosten**		
Herz	0,30	2,00	0,60	5,00	1,50	**Schlachtung**	120,00	120,00
Nieren	0,30	2,00	0,60	2,00	0,60	**Kosten ges.**	440,00	720,00
Muskelmagen	1,50	1,00	1,50	1,50	2,25			
Hals	3,00	2,00	6,00	7,00	21,00			
Fett	3,00	1,00	3,00	1,00	3,00			
Sehnen	2,00	2,00	4,00	15,00	30,00			
Rohhaut		40,00	40,00	50,00	50,00			
Federn	1,00	10,00	10,00	20,00	20,00			
Tiernahrung	20,00	1,00	20,00	1,00	20,00			
Erlös/Tier			557,20		1102,35		557,20	1102,35
abz. Kosten ges.							440,00	580,00
Überschuss brutto							117,20	522,35

Wer die Nebenprodukte nicht verwertet, gefährdet seinen wirtschaftlichen Erfolg: Rechnet man in der Tabelle „Beispiel Wirtschaftlichkeitsberechnung" die Nebenprodukte von Oberflügel bis Material für die Herstellung von Tiernahrung heraus, bleibt dem Verkäufer an den Handel nur ein Erlös von 26,00 €/Tier, und der Direktvermarkter wirft bei jedem Tier Erzeugnisse mit einem Verkaufswert von 167,35 € weg.

Straußenhaut und Straußenleder

Nach den Federn, deren Wert für den Großerzeuger gemäß der Wortwahl der großen Finanzinstitute dramatisch von Goldstatus auf nahezu Ramschniveau verfallen ist, hat der Preis einer Rohhaut bzw. des daraus gewonnenen Leders den Erlös pro Tier bestimmt. Seit Beginn des 21. Jahrhunderts ist jedoch der Fleischertrag/Tier für das Einkommen eines Straußenfarmers ausschlaggebend. Die Haut darf aber dennoch nicht vernachlässigt werden, denn sie leistet – wie in der Tabelle „Beispiel Wirtschaftlichkeitsberechnung“ zu sehen ist – nach wie vor einen nicht unerheblichen Beitrag zur Rentabilität der Straußenhaltung.

Praxis-Tipp

Beurteilungskriterien für Straußenhäute

Die folgenden Qualitätsstufen gelten ausschließlich für gegerbte Häute, da Fehler meist erst erkennbar sind, wenn die Haut im sogenannten „Crust“ gegerbt ist. Mit „Crust“ wird das Verarbeitungsstadium nach der Gerbung, aber vor dem sogenannten Zurichten des Leders (= Färben usw.) bezeichnet, auch wenn Aufkäufer von Häuten meist anderes behaupten: Eine Rohhaut kann nur nach Größe und sichtbaren Schnitten bewertet werden. In der Regel erfolgt diese Bewertung in drei Kategorien (etwa: sehr gut, mittel, mäßig) bzw. reject (= abgelehnt).

- Als Fehler werden bewertet: ein Loch, ein Kratzer, loser Schorf, eine verheilte Wunde oder Bakterienschaden.
- Bewertet wird die sogenannte „diamant area“ oder „Krone“, die gesamte mit Federnoppen bedeckte Haut vom Halsansatz bis zum Flügelgelenk, auch auf der Bauchseite.

Edles Material, edles Design, beste Verarbeitung: Taschen aus Straußenleder

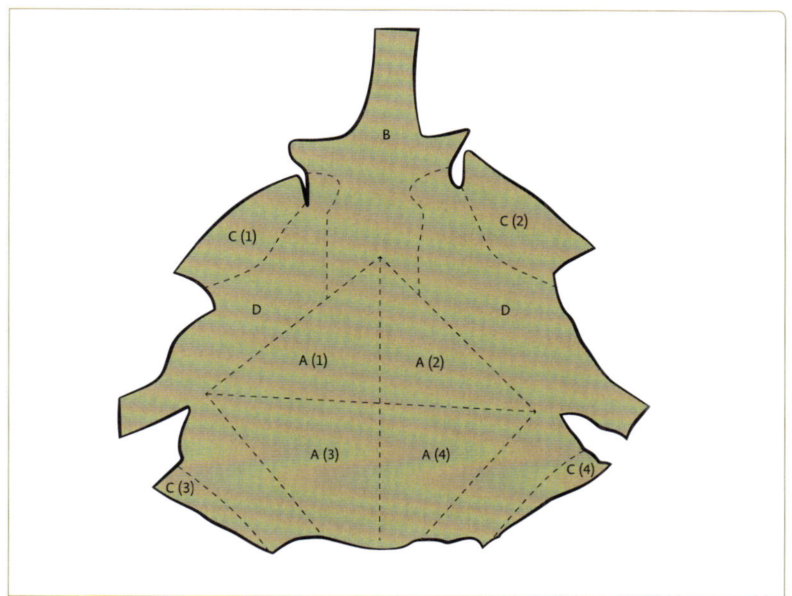

Bewertungszonen der Straußenhaut

- Für die Beurteilung wird die Noppenhaut (Krone) in vier Viertel unterteilt. Die Teil- bzw. Schneidelinien sind 25 mm breit und führen vom Halsansatz zum Schwanz (Bürzel) bzw. zwischen den äußersten Noppen auf der rechten und linken Hautseite quer über das Rückenteil.

  Qualität A: Ein Fehler in einem der Viertel ist nicht größer als ca. 40 × 40 mm. Mindestens drei Viertel müssen fehlerfrei sein. Fehler innerhalb der Teil- bzw. Schneidelinien beeinflussen die Einstufung nicht. Einige weniger sichtbare Kratzer außerhalb des Noppenbereichs sind zulässig.

  Qualität B: Zwei Viertel der Haut weisen Fehler auf. Mindestens die Hälfte der Haut muss fehlerfrei sein. Sichtbare Fehler außerhalb des Noppenbereichs beeinflussen die Einstufung nicht.

  Qualität C: Mindestens ein Viertel der Haut muss fehlerfrei sein. Sichtbare Fehler außerhalb des Noppenbereichs sind zulässig.

  Qualität D: Mindestens ein Viertel der Haut muss fehlerfrei sein. Erhebliche sichtbare Fehler außerhalb des Noppenbereichs beeinflussen die Beurteilung.

  Die Halshaut wird 20 cm über der Federlinie abgeschnitten, die Beinhaut in der Mitte des „Knies“ (Tarsalgelenk).

  Einige Grundsätze:
- Farbunterschiede der Haut und Qualität der Gerbung beeinflussen zwar die Einstufung nicht, doch können sie zu einer Preisminderung führen.

- Haarfollikel (Haar„noppen“ zwischen den eigentlichen Noppen) sind ein genetisch bedingter Fehler. Wenn sie auf mindestens zwei Viertel des Noppenbereichs häufig auftreten, führt dies zu einer Minderung um eine Qualitätsstufe.
- „Nadellöcher“ sind eine bakterielle Schädigung der Haut. Wenn sie auf mindestens zwei Vierteln des Noppenbereichs häufig auftreten, führt dies zu einer Minderung um eine Qualitätsstufe.

Häuten, Konservieren, Lagern

Ein Strauß wird immer von der Bauchseite her gehäutet.

- Flügel: Schnitt vom 1. Gelenk mitten auf Innenseite des Flügels zur Brustplatte, die zuvor abgetrennt wird.
- Fuß: Fußknochen im Tarsalgelenk abtrennen und Haut an Rückseite bis zum Zehgelenk aufschneiden. Schnitt quer über Oberseite des Zehs etwa nach einem Drittel der Zehenschuppung.
- Körper: Von Brustplatte mitten auf der Bauchseite bis zur Kloake schneiden.
- Unterkeule: Vom Sprunggelenk mitten auf Innenseite der Unterkeule zum Nabel schneiden.
- Hals: Von Brustplatte bis zum Halsende am Ansatz des Kopfes schneiden, der zuvor abgetrennt wird.
- Haut von Keulen und Flügeln lösen. Achtung: Am hinteren Ansatz der Unterkeule sehr vorsichtig schneiden, da besonders hier die Gefahr eines Lochschnitts besteht.
- Haut von Bauch und Rücken lösen, wobei man in der Regel an der Brust beginnt.
- Haut nicht mit Gewalt oder mechanisch abziehen, da Noppen dabei so beschädigt werden können, dass die Haut wertlos ist!
- Grundsätzlich beim Häuten in Richtung Fleisch schneiden. Fett und dünne Fleischreste nicht von der Innenhaut abschneiden, da das Unterhautgewebe dabei beschädigt werden kann.
- Haut gründlich mit kaltem Wasser abspülen und in Desinfektionslösung einlegen.
- Nach ca. zwei Stunden Haut gut abtropfen lassen und gründlich salzen. Haut mit Oberseite nach unten auf einer leicht geneigten, gut mit Salz bedeckten Fläche ausbreiten (Plastikfolie auf Beton oder Holz, aber kein Metall!). Nach oben zeigende Fleischseite mit bis zu 5 kg Salz vollständig bedecken und vor allem Schnittränder einreiben, die sich einrollen. Sie können beliebig viele Häute aufeinanderlegen. Häute keinesfalls längere Zeit im Fass lagern!
- Vor Transport zur Gerberei überschüssiges Salz leicht abschütteln und Haut zu ca. 50 × 50 cm großem „Paket“ zusammenlegen.

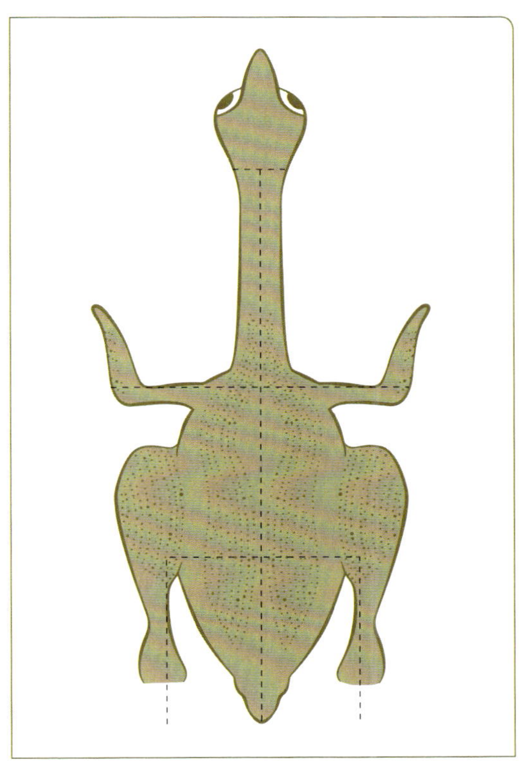

Schnittlinien an der Unterseite (Bauch, Brust) beim Häuten

Praxis-Tipp

Eine Schädigung der Haut durch Bakterien kann nur durch gutes Einsalzen und möglichst kühle Lagerung verhindert werden und: Eine Haut wird durch langes Lagern nicht besser. Sie sollten Ihre Häute daher möglichst bald gerben lassen oder verkaufen (Adressen können bei artgerecht e. V. nachgefragt werden).

Geschichtliche Entwicklung

„Strauße stammen aus Afrika“ – diese Meinung ist auch heute noch weit verbreitet und ebenso falsch wie das Sprichwort vom Strauß, der den Kopf in den Sand steckt. Für dessen Ursprung gibt es die unterschiedlichsten Erklärungsversuche, sicher ist aber nur dies: Der Kopf im Sand brächte dem Strauß den Erstickungstod.

Der Ursprung der Straußenvögel ist dagegen weitgehend bekannt. Entstanden sind sie vor ca. 55 Millionen Jahren und zwar in den Steppen Zentralasiens. Fossile Funde weisen den Weg, auf dem sie sich verbreitet haben: nach Osten bis nach China und in die Mongolei, nach Westen bis Mittel- und Westeuropa. In der zum UNESCO-Weltkulturerbe zählenden Grube Messel (Nähe Darmstadt) wurden ebenso Fossilien gefunden wie im Geiseltal bei Halle/Saale und im Raum Wien. Die

Zeitspanne, aus der die Funde stammen, reicht vom Mittleren Eozän (vor ca. 40–45 Millionen Jahren) bis zum Beginn der Mittleren Steinzeit vor etwa 10 000 Jahren, als die bisher letzte Eiszeit endete.

Hintergrund-Info

Warum der Strauß in Mitteleuropa ausgerechnet zu Beginn der sogenannten Warmzeit verschwand, darüber kann nur spekuliert werden. Vieles deutet aber darauf hin, dass die Ausbreitung des Waldes nach Ende der Eiszeit den Steppentieren den Lebensraum nahm. Dichter Wald lässt einerseits keinen Bewuchs von Gräsern und Kräutern zu, und andererseits jagen Fressfeinde wie Raubkatzen von Bäumen herab. Ein Strauß, dessen Stärke in der hohen Fluchtgeschwindigkeit liegt, hat unter diesen Bedingungen kaum eine Chance, da eine schnelle Flucht im dichten Wald nicht möglich ist.

Afrika erreichte der Strauß wohl erst vor etwa 1 Million Jahren. Dort – im Norden und im Nahen Osten – wurde der Strauß schon in vorchristlicher Zeit von den Menschen genutzt. Seine Federn, das Fleisch und die Eier waren geschätzt. Jäger bildeten Strauße schon vor ca. 7000 Jahren in den Höhlen der damals noch grünen Sahara ab.

In Südafrika werden Strauße seit dem 18. Jahrhundert auf Farmen gehalten und zwar vor allem in der Kleinen Karoo, einer Halbwüste in der Provinz Westkap, etwa 350 km östlich von Kapstadt. Zentrum der Straußenzucht und deren selbst ernannte „Welthauptstadt" ist das Städtchen Oudtshoorn.

Zu einer wirklichen Landwirtschaft entwickelte sich die Straußenhaltung aber erst in den Jahren 1860–1865. Voraussetzung dafür war die Erfindung des Drahtzaunes und der künstlichen Bebrütung von Straußeneiern, außerdem gelang es, mit dem Anbau von Luzerne auf

Hintergrund-Info

Im alten Ägypten war die Straußenfeder aufgrund ihrer symmetrischen Form mit gleich langen Federfahnen auf beiden Seites des Schafts ein Symbol für Gerechtigkeit. Im antiken Griechenland und in Rom dienten die Federn als Helmschmuck und die Haut als Kriegskleidung. Die in der Vogelwelt einzigartigen Federn waren bei den Damen schließlich so beliebt, dass zwischen 1840 und 1930 Teilbestände in Asien ausgerottet wurden und schließlich die gesamte Straußenpopulation gefährdet war.

Mitte des 19. Jahrhunderts wurden in Südafrika nur noch ca. 80 wild lebende Straußenhähne gezählt, deren Federn auch bei den Kriegern afrikanischer Stämme als Kopfschmuck sehr begehrt waren. Erst als um 1850 das erste Schutzprogramm in Afrika für eine gefährdete Spezies unterschrieben war, konnte das Überleben der Strauße gesichert werden. Einen wesentlichen Beitrag haben dabei auch die aufblühenden Farmen geleistet, deren Tiere fortan die begehrten Federn lieferten.

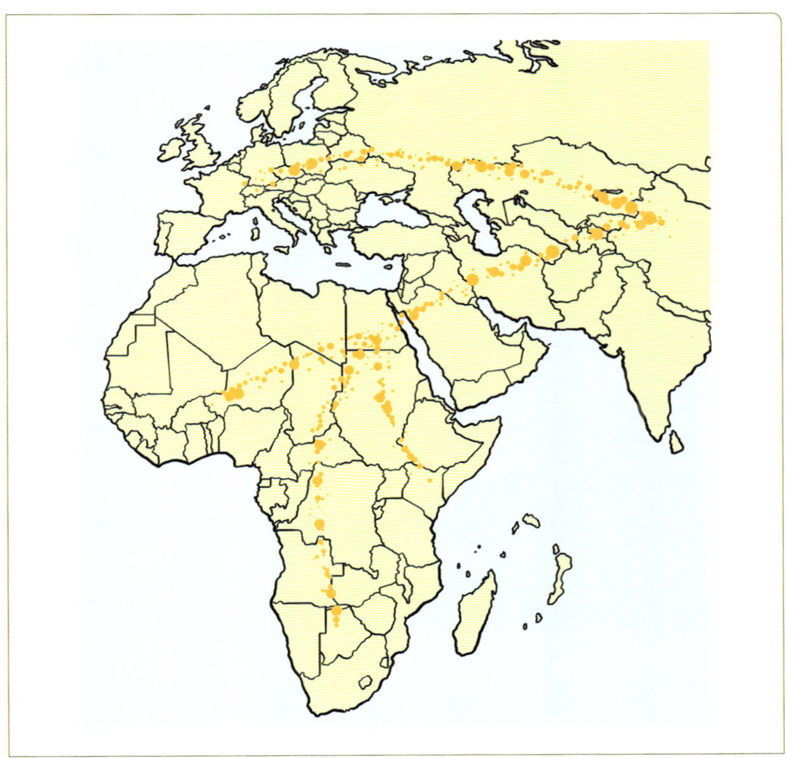

Wanderung der Strauße

eingezäunten und bewässerten Flächen die nötige Futtermenge für Abertausende von Straußen zu sichern.

In den Anfangsjahren orientierte sich die gezielte züchterische Selektion des Straußes ausschließlich an einer Verbesserung der Federqualität. Nach Ende des Federbooms mit Ausbruch des Ersten Weltkrieges mussten dann neue Möglichkeiten der Wertschöpfung gefunden werden. Heute sind Federn vielfach ein Nebenprodukt; stattdessen verdienen die Farmen vor allem mit dem Verkauf von Fleisch und Haut ihren Lebensunterhalt.

Der Strauß als Nutztier und Spekulationsobjekt

Der Wunsch nach schnellem Geld scheint ein elementares Grundbedürfnis der Spezies Mensch zu sein. Wann immer sich die Kunde von neuen Reichtümern verbreitete, machten sich ganze Heerscharen auf, um daran teilzuhaben. Das war beim amerikanischen Goldrush so, nach der Entdeckung der riesigen Diamantenfelder im südlichen Afrika – und als sich in der Welt die Nachricht verbreitete, dass Südafrikas Straußenfarmern die Federn ihrer Strauße in Gold aufgewogen wurden.

Im Unterschied zu den Völkerwanderungen zu den Minen und Stollen in Amerika oder Afrika zogen diesmal Geschäftsleute aus, um in

Der Strauß als Kapitalanlage

Straußenfedern – auch als Kopfschmuck begehrt

Afrika Strauße zu kaufen, mit denen sie daheim reich werden wollten. Bis zum Ausbruch des Ersten Weltkrieges hatte sich die Aufzucht von Straußen in nahezu der ganzen Welt verbreitet, selbst in Australien, wo ja eigentlich der Emu zu Hause ist, in Neuseeland, den USA, in Spanien oder auch im Norden Deutschlands. Als dann aber der Krieg und die daraus resultierende Weltwirtschaftskrise die Begehrlichkeit nach teuren Straußenfedern erlöschen ließ, war der Traum ausgeträumt.
In vielen Ländern wurden die jetzt „wertlosen" Tiere, die ihren Eigentümern förmlich die Haare vom Kopf fraßen, geschlachtet – oder wie in Spanien und Australien – einfach freigelassen. Der aus diesen Herden überlebende „australische" Strauß begründete dann auch die zweite „Straußen-Welle", die ab Mitte der 80er-Jahre des vergangenen Jahrhunderts erneut um die Welt schwappte.

Und wieder war Gier der Antrieb, zusätzlich befeuert von neuzeitlicher Spekulation, die den Strauß vor allem in den USA zur „Aktie des 21. Jahrhunderts" feierte. Zwar hatte das Apartheidsystem in Südafrika, dessen wirtschaftliche Grundlagen durch ein Netz staatlicher Monopole gesichert werden sollten, eifersüchtig über „seine" Straußenzucht gewacht. Farmer durften Strauße nur erzeugen und aufziehen, doch bereits die Schlachtung und noch viel mehr die Vermarktung von Straußenprodukten oblag in staatlichem Auftrag der Klein Karoo Kooperative in Oudtshoorn. Einem Farmer, der im Besitz einer Straußenhaut war, drohte ebenso eine Freiheitsstrafe wie dem, der Straußeneier oder gar lebende Tiere außer Landes brachte.

Hintergrund-Info

> Auch Farmer im südafrikanischen Nachbarland Namibia, das nach deutscher und englischer Kolonialzeit bis 1990 von der südafrikanischen Union besetzt war, schauten bereits Ende des 19. Jahrhunderts neidisch auf die riesigen Ländereien der südafrikanischen „Feder-Barone", die in feudalen Palästen und unvorstellbarem Luxus residierten.
> Das „Wollen wir auch!" führte schließlich dazu, dass entlang der Grenze mitten in der Kalahari-Wüste ein regelrechter Krieg entbrannte. Auf der einen Seite südafrikanische Soldaten, die den Schmuggel von Straußen verhindern sollten, auf der anderen namibische Farmer und Geschäftsleute, denen immer neue Wege einfielen, doch an die begehrten Tiere heranzukommen.
> Beispielhaft ist die Geschichte eines bekannten namibischen Farmers mit südafrikanischem Pass. Er baute beiderseits der Grenze eine Straußenfarm auf. Dummerweise hielt deren Einzäunung dem „Wanderungswillen" seiner Tiere nicht stand, die – aus welchen Gründen auch immer – stets von der südafrikanischen auf die namibische Grenzseite ausbrachen. Nie umgekehrt ... Damit war die Grundlage für einen schwunghaften Handel mit aller Welt geschaffen und für die zweite „Straußen-Mania", die weltweit abenteuerliche Blüten trieb.

Einige Beispiele: Australische Betrüger lockten um 1998–2000 deutsche Investoren mit gigantischen Renditeversprechungen auf die andere Seite der Welt, wo sie den gutgläubigen Finanziers immer wieder dieselben Tiere verkauften. Das Angebot wirkte so überzeugend, dass selbst das renommierte „Handelsblatt" darauf hereinfiel (Ausgabe vom 03.07.1998). Am Ende blieb eine Interessensgemeinschaft der Geschädigten, die ihr Geld abschreiben mussten. Ähnliche Gaunereien, u. a. in den USA, Großbritannien, Brasilien und auf Mallorca vernichteten Investorengelder in Höhe von weit mehr als einer Milliarde Euro.

1996 begann eine belgische Gruppe, „Zuchtstrauße" nach Spanien zu verkaufen. Die Eier bzw. Küken dieser Tiere sollten zu so guten Preisen zurückgekauft werden, dass die Investition bereits nach einem Jahr nicht nur refinanziert, sondern bereits Gewinn abwerfen würde – die vertraglich zugesicherte Rendite belief sich auf weit über 100 %. Aber auch diese Geschichte endete mit einem Totalverlust der Geldgeber und ruinierten Familien, die angesichts des erhofften Geldsegens sogar ihre Häuser verpfändet hatten. Trotz zahlreicher Warnungen wiederholte sich das Drama anschließend mit denselben Tätern in Italien, Griechenland und der Türkei.

Abgesehen davon, dass Scharmützel zwischen Soldaten und Straußenschmugglern auch Menschenleben gekostet haben, mögen die „Geschichten" aus dem südlichen Afrika noch ganz nett klingen. Die Spekulationsblasen und Betrügereien der jüngeren Vergangenheit haben

„Weltbürger“ Strauß: eine Farm in der Türkei

den Ruf der internationalen Straußenhaltung jedoch sehr schwer und nachhaltig geschädigt.
Als prominentes Beispiel stehen die USA: Dort explodierte die Zahl der Straußenfarmen bis Mitte der 90er-Jahre förmlich. Beim Jahreskongress der American Ostrich Association 1995 in Chicago wurde die Zahl der Straußenhalter im Land mit rund 15 000 angegeben, die etwa 50 000 Legehennen hielten. Die ebenfalls rund 50 000 Küken, die aus den Eiern dieser Hennen schlüpften – eines pro Henne! –, wurden freilich nicht als Schlachttiere aufgezogen, sondern galten als exklusiver Zuchtnachwuchs. Wer schlachtet eine Aktie, die Gold zu werden verspricht ... Preis der teuersten Schwarzhals-Henne, die bei dem Event auf Oscar-Niveau versteigert wurde: 100 000,00 US$! Heute gibt es in den USA etwa 200 Farmen – viele am Rand des Existenzminimums.

Glücklicherweise hat die internationale Straußenhaltung die stürmischen Anfangsjahre hinter sich gelassen. Heute ist sie auf dem Weg, sich weltweit zu etablieren – auf der Grundlage solider Arbeit, die sich an den elementaren Grundbedürfnissen der Tiere orientiert. Dies setzt aber voraus, dass die Halter diese Bedürfnisse auch wirklich kennen und ihnen gerecht werden.

Nützliche Adressen

artgerecht e. V. – Berufsverband Deutsche Straußenzucht
Geschäftsstelle: Am See, 76761 Rülzheim
Tel. (0 72 72) 92 97 67–85, Fax (0 72 72) 92 97 67–80
Email: info@artgerechte-straussenzucht.de
Homepage: www.artgerechte-straussenzucht.de

Sachkundenachweis:
artgerecht e. V., der Berufsverband Deutsche Straußenzucht, bietet in Kooperation mit dem Bundesverband Deutscher Straußenzüchter e. V. auf der Straußenfarm Mhou, Am See, 76761 Rülzheim, dreitägige Sachkundeseminare an. Die damit verbundene Sachkundeprüfung ist Grundlage der Genehmigung für die Haltung von Straußen. Sie ist bundesweit als gleichwertig zur behördlichen Überprüfung der Sachkunde nach § 11 Abs. 2 Nr. 1 Tierschutzgesetz in der Fassung vom 25. Mai 1998 in Verbindung mit Nr. 12.2.2.4 der Allgemeinen Verwaltungsvorschrift zur Durchführung des Tierschutzgesetzes vom 9. Februar 2000 anerkannt.

Tierärztliche Beratung (honorarpflichtig):
Tierärztliche Praxis Franziska Hamann Praxis für Laufvögel
Tel. (0 72 59) 9 26 96 80, Fax (0 72 59) 9 26 96 81,
Mobil: (01 70) 5 33 32 60
Email: info@tierarztpraxis-odenheim.de
Homepage: www.tierarztpraxis-odenheim.de

Gutachten zur Straußenzucht und Straußenhaltung (honorarpflichtig):
Christoph Kistner, Sachverständiger für Straußenzucht und Straußenhaltung
Tel. (0 72 72) 92 97 67–0, Fax (0 72 72) 92 97 67–80
Mobil: (01 72) 7 24 53 69
Email: c.kistner@mhou.de
Homepage: www.mhoufarm.de

Tiermedizinische Gutachten zur Straußenhaltung (honorarpflichtig):
Franziska Hamann, öffentlich bestellte und vereidigte Sachverständige für tiermedizinische Fragen der Straußenzucht und -haltung (RP Karlsruhe)
Tel. (0 72 59) 9 26 96 80, Fax (0 72 59) 9 26 96 81,
Mobil: (01 70) 5 33 32 60
Email: info@tierarztpraxis-odenheim.de
Homepage: www.tierarztpraxis-odenheim.de

Die Autoren

Uschi Braun Inhaberin der Straußenfarm Mhou, von 1993–2006 in Rheinmünster-Schwarzach (Baden-Württemberg), seit 2007 in Rülzheim (Rheinland-Pfalz), der größten Zucht- und Brutbetrieb in Deutschland und führende Zuchtfarm in Europa. Beschäftigt sich seit 1991 mit Straußenhaltung und -zucht, seit 1993 im Haupterwerb. Autorin zahlreicher Fachberichte zu Kükenaufzucht und Verhalten der Strauße. Co-Autorin des Fachbuchs „Strauße – Zucht, Haltung, Vermarktung". 2001–2003 Vorstandsmitglied des Bundesverbandes Deutscher Straußenzüchter e. V., seit 2003 Gründungs- und Vorstandsmitglied von artgerecht e. V., dem Berufsverband Deutsche Straußenzucht. Referentin der Sachkundeseminare für Straußenhalter.

Christoph Kistner Inhaber von MhouProducts, Rülzheim, einem Handelsunternehmen, das sich auf die Vermarktung und den Vertrieb von Straußenprodukten spezialisiert hat. Inhaber von MhouConsult, einem Beratungsunternehmen für Straußenhaltung. 1998 zum weltweit ersten vereidigten Sachverständigen für Straußenzucht und Straußenhaltung bestell, arbeitet heute als unbestellter Sachverständiger. Mitbegründer des Bundesverbandes Deutscher Straußenzüchter e. V., für den er als Vorstandssprecher, Präsident und Geschäftsführer tätig war. Gründer und Präsident von artgerecht e. V., dem Berufsverband Deutsche Straußenzucht (seit 2003). 1997–1999 Präsident der European Ostrich Association (EOA), danach Mitbegründer des European Ostrich Council (EOC) und dessen Repräsentant bei Europarat und EU, Vorstandsmitglied des Weltverbandes International Ostrich Association (IOA). Beschäftigt sich seit 1991 mit der Straußenhaltung, vor allem in den Bereichen Betriebliches Management, Marketing und Vermarktung, Umgang, Verhalten sowie Schlachtung und Fleisch. Autor zahlreicher Fachberichte und des Buchs „Strauße – Zucht, Haltung, Vermarktung". Seit 1994 Referent der Sachkunde- und Schlachtseminare für Straußenhalter, seit 2003 deren Leiter.

Franziska Hamann Tierärztin, vom Regierungspräsidium Karlsruhe als Sachverständige für veterinärmedizinische Fragen der Straußenzucht und Straußenhaltung öffentlich bestellt und vereidigt. Betreibt die einzige Fach-Tierarztpraxis für Laufvögel, betreut Zoos und zahlreiche deutsche Betriebe, darunter vor allem die Straußenfarm Mhou. Beschäftigt sich seit 1998 vor allem mit veterinärmedizinischen Aspekten, dem betrieblichen Hygienemanagement und Fragen der Fütterung von Straußen. Fachautorin und Co-Autorin des Fachbuchs „Strauße – Zucht, Haltung, Vermarktung". Referentin der Sachkunde- und Schlachtseminare für Straußenhalter.

Register

Bildquellen

Hamann, Franziska: 49; 52; 54; 130; 131
Holtzhausen & Kotzé: S 120
Imago/imagebroker: Umschlagfoto
Jarvis, M: S 176
Reiner, G: S 159
Unbekannt: S 183

Alle weiteren Fotos stammen von Uschi Braun und Christoph Kistner.
Die Zeichnungen fertigte Cornelia Schwingenschlögl (A-Graz) nach Vorlagen der Autoren.

Bibliografische Information der Deutschen Nationalbibliothek
Die Deutsche Nationalbibliothek verzeichnet diese Publikation in der Deutschen Nationalbibliografie; detaillierte bibliografische Daten sind im Internet über http://dnb.d-nb.de abrufbar.

Wollgrasweg 41, 70599 Stuttgart (Hohenheim)
E-Mail: info@ulmer.de
Internet: www.ulmer-verlag.de
Lektorat: Anna Häusler
Herstellung: Birgit Heyny
Umschlagentwurf: FORM UND PRODUKTION Bernd Burkart, Weinstadt
Satz: pagina GmbH, Tübingen
Druck und Bindung: Friedrich Pustet GmbH & Co. KG, Regensburg
Printed in Germany

ISBN 978-3-8186-0021-1